Sammlung Göschen

Das Deutsche Urheberrecht

an literarischen, künstlerischen und gewerblichen Schöpfungen

Mit besonderer Berücksichtigung der internationalen Verträge

von

Dr. Gustav Rauter

Patentanwalt in Charlottenburg

Leipzig

G. J. Göschen'sche Verlagshandlung

1905

Spamersche Buchdruckerei in Leipzig.

Inhaltsübersicht.

Literatur.

1. Allfeld, Kommentar zu den Reichsgesetzen über das gewerbliche Urheberrecht; Patentgesetz, Gesetz, betr. das Urheberrecht an Mustern und Modellen, Gesetz, betr. den Schutz von Gebrauchsmustern, Gesetz zum Schutz der Warenbezeichnungen, sowie zu den internationalen Verträgen zum Schutze des gewerblichen Urheberrechts. München 1904 bei Beck.
2. Allfeld, Kommentar zu den Gesetzen vom 19. Juni 1901, betr. das Urheberrecht an Werken der Literatur und der Tonkunst und über das Verlagsrecht, sowie zu den internationalen Verträgen. München 1902 bei Beck.
3. Blatt für Patent-, Muster- und Zeichenwesen. Berlin bei Carl Heymann. 11. Jahrgang 1905.
4. Damme, Das Reichsgesetz, betr. die Patentanwälte, vom 21. Mai 1900, für den praktischen Gebrauch systematisch dargestellt. Berlin 1900 bei Otto Liebmann.
5. Denkschrift über die Geschäftstätigkeit des Kaiserlichen Patentamtes und die Beziehungen des Patentschutzes zu der Entwicklung der einzelnen Industriezweige Deutschlands in den Jahren 1891 bis 1900, vom Präsidenten des Kaiserlichen Patentamtes. Berlin 1902 bei Carl Heymann.
6. Gareis (später Osterrieth), Die Patent-, Muster- und Markenschutzgesetzgebung aller Länder des Erdballs. Zuletzt erschienen: Neue Folge, Band 6. Berlin 1904 bei Carl Heymann.
7. Geitel, Die Praxis des Gesetzes zum Schutze der Warenbezeichnungen, vom 12. Mai 1894. Systematische Zusammenstellung der grundlegenden patentamtlichen und gerichtlichen Entscheidungen und Mitteilungen, einschließlich der veröffentlichten Freizeichen. Berlin 1900 bei G. Siemens.
8. Gewerblicher Rechtsschutz und Urheberrecht. Zeitschrift des Deutschen Vereins für den Schutz des gewerblichen Eigentums. Berlin bei Carl Heymann. 10. Jahrgang 1905.
9. Isay, Patentgesetz und Gesetz, betr. den Schutz von Gebrauchsmustern. Systematisch erläutert. Berlin 1903 bei F. Vahlen.
10. Kohler, Handbuch des deutschen Patentrechts in rechtsvergleichender Darstellung. Mannheim 1900—1902 bei J. Bensheimer.
11. Müller, Das Reichsgesetz zur Bekämpfung des unlauteren Wettbewerbs, vom 27. Mai 1896. Kommentar. 4. Aufl. Fürth 1904 bei G. Rosenberg.
12. Müller, Das deutsche Urheber- und Verlagsrecht. München 1901 bei J. Schweizer.
13. Osterrieth, Bemerkungen zum Entwurf eines Gesetzes, betr. das Urheberrecht an Werken der bildenden Künste und der Photographie. Berlin 1904 bei Carl Heymann.

14. Osterrieth und Axster, Die internationale Übereinkunft zum Schutze des gewerblichen Eigentums, vom 20. März 1883, nebst den übrigen Verträgen des Deutschen Reichs über den gewerblichen Rechtsschutz. Berlin 1903 bei Carl Heymann.
15. Patentblatt (Bekanntmachungen auf Grund des Patentgesetzes und des Gesetzes, betr. den Schutz von Gebrauchsmustern) und Auszüge aus den Patentschriften. Berlin bei Carl Heymann. 29. Jahrgang 1905.
16. Pinner, Das Reichsgesetz zur Bekämpfung des unlauteren Wettbewerbs, vom 27. Mai 1896, nebst den ergänzenden Bestimmungen des Bürgerlichen Gesetzbuchs. Kommentar. Berlin 1903 bei J. Guttentag.
17. Rauter, Das Deutsche Patentgesetz und die Vorschläge des Deutschen Vereins für den Schutz des gewerblichen Eigentums. Stuttgart 1904 bei Ferdinand Enke.
18. Rauter, Die Gesetze, Verordnungen und Verträge des Deutschen Reichs, betr. den Schutz der gewerblichen, künstlerischen und literarischen Urheberrechte. Vollständige Textausgabe mit ausführlichem Sachregister und verweisenden Anmerkungen. Hannover 1905 bei Gebrüder Jänecke.
19. Rhenius, Gesetz zum Schutz der Warenbezeichnungen, vom 12. Mai 1894. Für die Praxis erläutert. Berlin 1897 bei Carl Heymann.
20. Robolski, Das Gesetz, betr. den Schutz von Gebrauchsmustern, vom 1. Juni 1891. 2. Auflage. Berlin 1904 bei Carl Heymann.
21. Robolski, Das Patentgesetz vom 7. April 1901. 2. Auflage. Berlin 1901 bei Carl Heymann.
22. Schanze, Das Recht der Erfindungen und der Muster. Leipzig 1900 bei Roßberg.
23. Schmid, Die Gesetze zum Schutz des gewerblichen Eigentums. Berlin 1897 bei Carl Heymann.
24. Seligsohn, Gesetz zum Schutz der Warenbezeichnungen. 2. Auflage. Berlin 1905 bei J. Guttentag.
25. Seligsohn, Patentgesetz und Gesetz, betr. den Schutz von Gebrauchsmustern. 2. Auflage. Berlin 1901 bei J. Guttentag.
26. Stenglein, Die Reichsgesetze zum Schutze des geistigen und gewerblichen Eigentums. 3. Auflage. Berlin 1902 bei O. Liebmann.
27. Stephan, Gesetz, betr. die Patentanwälte, vom 21. Mai 1900. Berlin 1900 bei J. Guttentag.
28. Stephan und Schmid, Der Schutz der gewerblichen Urheberrechte des In- und Auslandes. Leipzig 1899 bei C. L. Hirschfeld.
29. Unlauterer Wettbewerb. Monatsschrift für gewerblichen Rechtsschutz. Berlin bei Hermann Walther. 4. Jahrgang 1905.
30. Warenzeichenblatt, herausgegeben vom Kaiserlichen Patentamt. Berlin bei P. Stankiewicz. 12. Jahrgang 1905.

Einleitung.

Das Urheberrecht im weitesten Sinne dieses Wortes gehört zu denjenigen Rechtsgebieten, die sich erst in den letzten Jahrhunderten langsam gebildet haben, und an deren weiterem Ausbau noch immer besonders eifrig gearbeitet wird. Während das ältere Privatrecht sich nur auf Personen und Sachen und auf die Beziehungen zwischen diesen beiden bezog, so faßte erst spät der Gedanke Wurzel, daß auch die Rechte geschützt werden müßten, die von einem Menschen aus sich nicht auf andere Personen oder auf Sachen, sondern auf nicht greifbare Güter, insbesondere auf die Erzeugnisse seiner geistigen Tätigkeit erstreckten. Es bildete sich damit neben dem bisherigen Begriff des Rechtes an greifbaren Sachen, an sogenannten Materialgütern auch noch ein Recht an unkörperlichen Werten, an Immaterialgütern aus. Hierzu gehört auch das Urheberrecht, in weitestem Sinne des Wortes verstanden.

Dies Urheberrecht wurde dann nur sehr langsam und keineswegs in systematischer Folgerichtigkeit verwirklicht. Während seine Grundlagen in der Person des Urhebers selber liegen und zunächst dessen Recht an seinem Erzeugnisse in sich begreifen, so wurde praktisch doch zunächst das davon abgeleitete Recht des Druckers und Verlegers geschützt, die ihm zur Vervielfältigung übergebenen Bücher allein verbreiten zu dürfen. Es war also das der Schutz des Verlegers gegen Nachdruck die erste greifbare Verkörperung des Urheberrechtes.

Weiter erkannte man zunächst auch noch nicht das Urheberrecht oder das Recht gegen Nachdruck ganz allgemein als solches an, sondern man begnügte sich damit, in besonderen Einzelfällen dies Recht an bestimmte Personen zu verleihen, und zwar in Gestalt von sogenannten Privilegien.

Allmählich wurden nun diese aus besonderer Gnade verliehenen Privilegien als eine Bevorzugung gewisser Kreise gegenüber anderen Personen angesehen, die unzweifelhaft ebensowohl berechtigt gewesen wären, ein Privileg auch für ihren Gewerbebetrieb zu verlangen. Aus den Privilegien entwickelte sich demgemäß ein allgemeiner Rechtsanspruch des Verlegers auf gesetzlichen Schutz.

Weiter erkannte man, daß nicht nur der Verleger, sondern in erster Linie der Schriftsteller zu schützen sei, da dieser doch die Quelle war, aus der auch der Gewinn des Verlegers floß.

Was dem Schriftsteller billig war, war dann natürlich auch dem Musiker und dem bildenden Künstler, schließlich auch dem Photographen und dem Architekten recht, so daß das Feld des Urheberschutzes immer größer wurde.

Indessen waren es nicht nur literarische oder künstlerische Geisteserzeugnisse, die eines Schutzes wert erschienen. Viele fruchtbringende Gedanken sprachen sich in einer anderen, auf den Fortschritt gewerblicher Tätigkeit sich beziehenden Form aus. So entstanden dann im Zeitalter der Entdeckungen und Erfindungen neben den Buchdruckerprivilegien auch solche für Erfinder. Auch hier trat allmählich an die Stelle der Willkür ein gesetzlich begründeter Anspruch auf Erteilung eines Schutzes, und der Name Privileg wich demjenigen des Patentes. Für weniger wichtige gewerblich verwertbare Schöpfungen reihte sich dem Patentschutz noch der Musterschutz in sehr verschiedenen Formen an.

Neben dem Bedürfnis nach einem Schutz der Erfindungen und sogar noch früher als dieser wurde in den Kreisen der Gewerbetreibenden auch die Notwendigkeit empfunden, solche Zeichen geschützt zu sehen, die die Herkunft gewisser Waren aus bestimmten Betriebsstätten andeuteten. Es entstand somit das Recht des Markenschutzes, das demnach dem gewerblichen Urheberrecht nahe verwandt ist. Wenn auch die Marke als solche in der Regel nicht den Wert einer selbständigen Schöpfung haben kann, so ist sie doch mit den Erzeugnissen, die sie kennzeichnen soll, und mit dem ganzen betreffenden Geschäftsbetrieb so eng verbunden, daß man den Markenschutz sogar immer als einen Teil des Urheberschutzes selber ansprechen kann. Vielleicht kann man sagen, daß sich die Marke des Gewerbetreibenden zu der Ware so verhält, wie der Titel eines Buches zu dessen Inhalt. Insofern der Titel als ein wesentlicher Bestandteil eines Schriftwerkes mit unter den literarischen Urheberschutz fällt, wird auch die Marke mit Gegenstand des gewerblichen Urheberschutzes sein müssen.

Nun gibt es aber weiter noch viele nicht greifbare Erzeugnisse menschlicher, auf das Gewerbe gerichteter Tätigkeit, die gleichfalls nach einem Schutze verlangen, die aber doch nicht von dem Erfindungs-, Muster- oder Markenschutz erfaßt werden. Hierher gehören diejenigen Gedanken, Kunstgriffe usw., die man unter dem Namen der Fabrikgeheimnisse zusammenfaßt. Diese Fabrikgeheimnisse gegen Verrat zu schützen, ist eine der Aufgaben des Gesetzes gegen den unlauteren Wettbewerb, das im übrigen noch, wie schon der Titel andeutet, verschiedene andere Bestrebungen verfolgt, die schon unzweifelhaft nicht mehr dem Gebiete des Urheberrechtes angehören. Denn wie überall, so sind auch hier die Grenzen der verschiedenen Rechtsgebiete nicht scharf zu bestimmen.

Schon bei dieser Besprechung haben wir gesehen, daß sich das Urheberrecht in zwei große Teile zerlegen läßt, nämlich in das künstlerische und literarische Urheberrecht einerseits und in das gewerbliche Urheberrecht andererseits. Dem ersteren Gebiete ist auch das Verlagsrecht beizuzählen, wenn schon dieses strenggenommen nicht mehr zum eigentlichen Urheberrecht gehört, sondern sich vielmehr nur auf ihm aufbaut. Ferner liegt von den beiden erstgenannten Rechtsgebieten das künstlerische Urheberrecht dem gewerblichen insofern näher als das literarische, weil es, wie z. B. bei Mustern, vielfach kaum zu unterscheiden ist, ob es sich um künstlerische oder um gewerbliche Erzeugnisse handelt, ein Umstand, der schon durch den bloßen Namen des Kunstgewerbes angedeutet wird.

Das gewerbliche Urheberrecht enthält dann zunächst das Gebiet des Erfindungsschutzes, dem das Recht der Patente und das der Gebrauchsmuster angehören. Dann fällt hierher der Musterschutz, der, wie bemerkt, wiederum auf das künstlerische Urheberrecht zurückweist. Der Markenschutz bildet eine besondere Gruppe für sich. Schließlich vermittelt der Schutz von Fabrikgeheimnissen den Übergang zur Bekämpfung des unlauteren Wettbewerbs und zu anderen Rechtsgebieten, die ihrer Natur nach wesentlich zum Strafrecht gehören.

Die Benennung Urheberrecht für das ganze hier in Betracht kommende Gebiet ist, wie weiter bemerkt sein mag, nicht ganz allgemein gebräuchlich. Vielfach nennt man nur das literarische und künstlerische Urheberrecht mit diesem Namen, während das gewerbliche Urheberrecht oft auch ohne eine zusammenfassende Bezeichnung gelassen wird.

Oder man nennt ersteres Gebiet dasjenige des geistigen Eigentums, während letzteres als gewerbliches Eigentum verstanden wird. Der Name geistiges Eigentum ist sehr anschaulich, indem er ohne weiteres das hier behandelte Rechtsgebiet mit dem Sachenrecht in Vergleich setzt. Jedoch ist er neuerdings, in Deutschland wenigstens, wieder verlassen worden, weil andererseits doch auch das Sachenrecht und das Urheberrecht wesentliche Verschiedenheiten aufweisen.

Die Bezeichnung gewerbliches Eigentum dagegen, die für das gewerbliche Urheberrecht in Deutschland noch vielfach gebräuchlich ist, muß als weit weniger glücklich angesehen werden. Sie ist nur durch die Gegenüberstellung mit dem Begriff des geistigen Eigentums verständlich, entbehrt aber im übrigen so sehr der wünschenswerten Bestimmtheit, daß schließlich auch Fabrikanlagen, Maschinen, Aktien usw. als gewerbliches Eigentum angesprochen werden könnten.

Noch eine andere Bezeichnung für das hier in Rede stehende Rechtsgebiet sei erwähnt, die mit der eingangs gegebenen Begriffsbestimmung anschließt und deshalb vielleicht den Vorzug der Bestimmtheit haben würde, die sich aber doch nicht recht einbürgern kann, weil sie ein gerade nicht glücklich gewähltes Fremdwort darstellt. Es ist der Name Immaterialgüterrecht, mit dem übrigens wiederum einige nur das gewerbliche im Gegensatz zu dem literarischen und künstlerischen Urheberrecht, andere aber besser alle hier behandelten Gebiete zusammen bezeichnen.

Die deutsche Gesetzgebung auf dem Gebiete des Urheberrechtes.

Allgemeines.

Die deutsche Gesetzgebung auf dem Gebiete des Urheberrechtes beginnt mit Bestimmungen in der Verfassung des Norddeutschen Bundes, wonach der Beaufsichtigung und der Gesetzgebung des Bundes unter anderem auch die Erfindungspatente, sowie der Schutz des geistigen Eigentums unterliegen sollten. Diese Bestimmungen wurden in der deutschen Reichsverfassung dann wiederholt.

Das erste hier in Betracht kommende Gesetz, abgesehen von einem inzwischen wieder erloschenen Vertrage mit der Schweiz, war dasjenige vom 11. Juni 1870, betreffend das Urheberrecht an Schriftwerken, Abbildungen, musikalischen Kompositionen und dramatischen Werken.

Es folgte dann das Gesetz vom 30. November 1874, betreffend den Markenschutz, sowie die drei Gesetze vom 9., 10 und 11. Januar 1876, betreffend das Urheberrecht an Werken der bildenden Künste, betreffend den Schutz der Photographien gegen unbefugte Nachbildung, sowie betreffend das Urheberrecht an Mustern und Modellen. Das Patentgesetz vom 25. Mai 1877 schloß diesen Abschnitt der Gesetzgebung.

Bald machten sich Bestrebungen auf Neugestaltung dieser Gebiete geltend. Zunächst wurden die Verhältnisse des Urheberrechtes an Werken der Literatur und Kunst, die schon früher durch Verträge mit einigen Staaten eine über das Gebiet des Deutschen Reiches hinausgehende Regelung gefunden hatten, durch den Abschluß der Berner Übereinkunft vom 9. September 1886 auf eine wesentlich breitere Grundlage gestellt. Dieses, nochmals durch die sogenannte Pariser Zusatzakte weiter ausgestaltete Übereinkommen zwischen Deutschland und einer großen Reihe anderer Staaten wurde dann außerdem noch durch weitere Verträge mit einigen diesem nicht beigetretenen Staaten vervollständigt.

Auf dem Gebiete des gewerblichen Urheberrechtes wurde ferner am 7. April 1891 ein neues Patentgesetz erlassen, das durch das Gebrauchsmustergesetz vom 1. Juni 1891 ergänzt wurde. Im Anschluß daran wurden Verträge mit einigen ausländischen Staaten abgeschlossen, die den Angehörigen des Deutschen Reiches und jener anderen Staaten wichtige gegenseitige Vorteile auf dem Gebiete des Patent-, Muster- und Zeichenwesens einräumten.

Weiter wurde dann am 12. Mai 1894 das alte Markenschutzgesetz durch ein Gesetz zum Schutze der Warenbezeichnungen ersetzt. Letzteres wurde am 27. Mai 1896 durch das Gesetz zur Bekämpfung des unlauteren Wettbewerbs in vielen Punkten ergänzt. Das Bürgerliche Gesetzbuch vom 18. August 1896 enthält gleichfalls verschiedene hier zu berücksichtigende Bestimmungen.

Auch das Gesetz, betreffend den Schutz des Genfer Neutralitätszeichens, des sogenannten Roten Kreuzes, vom 22. März 1902 gehört hierher.

In die nämliche Zeit fällt ungefähr auch der Erlaß des Patentanwaltsgesetzes vom 21. Mai 1900, das die Verhältnisse der berufsmäßigen Vertreter auf dem Gebiete des Patent-, Muster- und Zeichenwesens regelt und diese der Organisation des Patentamtes in gewissem Grade angliedert.

Ein dritter Abschnitt der Gesetzgebung auf dem Gebiete des Urheberrechtes hat sodann mit den beiden Gesetzen vom 19. Juni 1901 begonnen, die das Urheberrecht an Werken der Literatur und Tonkunst, sowie das Verlagsrecht neu ordneten. Ein Gesetzentwurf, betreffend das Urheberrecht an Werken der bildenden Künste, einschließlich der Baukunst, sowie der Photographien, ist bereits veröffentlicht. Dagegen hat ein solcher bezüglich des Kunstverlagsrechtes noch keine greifbare Gestalt gewonnen.

Gleichzeitig wurden auf dem Gebiete des gewerblichen Urheberrechtes wesentliche Veränderungen gebracht durch den am 1. Mai 1903 erfolgten Anschluß Deutschlands an die Internationale Übereinkunft zum Schutze des gewerblichen Eigentums, die sogenannte Pariser Übereinkunft vom 20. März 1883 in ihrer namentlich durch die Brüsseler

Zusatzakte vom 14. Dezember 1900 abgeänderten Gestalt. Die Bestimmungen dieser Verträge haben damit auch für Deutschland Gesetzeskraft erhalten. Das Gesetz zum Schutze auf Ausstellungen vorgeführter Erfindungen vom 18. März 1904 stellt sich als ein Ausführungsgesetz zu diesen dar.

Auch die mit verschiedenen einzelnen ausländischen Staaten geschlossenen Verträge, betreffend die Verhältnisse des gewerblichen Urheberrechtes, mußten demgemäß abgeändert werden, soweit diese Staaten der Pariser Übereinkunft ebenfalls angehörten.

Wenn wir nun im nachfolgenden den Inhalt der gegenwärtig geltenden deutschen Gesetze und Verträge auf dem Gebiete des Urheberschutzes uns vergegenwärtigen, so werden wir diese Gesetze natürlich nicht ihrem Wortlaute nach wiedergeben können, da fast schon ein bloßer Abdruck der Gesetzestexte den Rahmen dieses Büchelchens überschreiten würde, ganz zu schweigen von den zahlreichen Ausführungsverordnungen, Bekanntmachungen usw., wie sie namentlich zu den Gesetzen auf dem Gebiete des gewerblichen Urheberrechtes erlassen worden sind.

Auch werden wir uns bei der Besprechung der Gesetze nicht nach deren zeitlicher Aufeinanderfolge, sondern nach der im vorigen Abschnitt gegebenen systematischen Gliederung des Stoffes richten.

Wir werden zunächst die Gesetze bezüglich des Urheberrechtes an Schriftwerken und an Werken der Tonkunst, sowie bezüglich des Verlagsrechtes zu besprechen haben. Es folgen dann die Gesetze, die den Schutz der bildenden Kunst, einschließlich der Baukunst und der Photographien bezwecken. Hierbei wird auch die nahe bevorstehende Umgestaltung dieses Rechtsgebietes gebührend berücksichtigt werden müssen.

Alsdann werden die internationalen Verträge auf dem Gebiete des Urheberrechtes an Werken der Literatur und Kunst besprochen werden. Wir gehen darauf zu dem gewerblichen Urheberrecht über und befassen uns hier zunächst mit dem Erfindungsschutz, umfassend das Patent- und Gebrauchsmusterrecht. Dann wird der Schutz an Mustern und Modellen, sowie derjenige der Warenbezeichnungen erörtert werden.

Daran anschließend wird bezüglich des Schutzes der Fabrikgeheimnisse und der Bekämpfung des unlauteren Wettbewerbs das Wichtigste mitzuteilen sein.

Es folgt nun die Besprechung der internationalen Verträge auf dem Gebiete des gewerblichen Rechtsschutzes.

Hierauf wird noch zusammenfassend auf die Strafbestimmungen hinzuweisen sein, die die verschiedenen Urheberschutzgesetze enthalten, da deren Erwähnung bei den einzelnen Gesetzen selber zu viele Wiederholungen mit sich bringen würde.

Eine Zusammenstellung aller hier in Betracht kommenden Gesetze und Verträge gibt die folgende Übersicht:

Übersicht

der deutschen Gesetzgebung, sowie der internationalen Verträge, betreffend das Urheberrecht und verwandte Gebiete,

nach dem Inkrafttreten der betreffenden Gesetze und Verträge geordnet.

(Die jetzt ihrem ganzen Umfange nach nicht mehr geltenden, sowie die nur Entwurf gebliebenen Gesetze und Verträge sind mit *liegender* Schrift angegeben.)

	Zeitpunkt des Erlasses	Inkrafttretens	Erlöschens
1. *Übereinkunft zwischen dem Norddeutschen Bunde und der Schweiz wegen gegenseitigen Schutzes der Rechte an literarischen Erzeugnissen und Werken der Kunst*	*13. Mai 1869*	*1. Sept. 1869*	*17. Nov. 1899*
2. Gesetz, betreffend das Urheberrecht an Schriftwerken, Abbildungen, musikalischen Kompositionen u. dramatischen Werken	11. Juni 1870	1. Jan. 1871	teilweise 1. Jan. 1902
3. *Gesetz über Markenschutz* . .	*10. Nov. 1874*	*1. Mai 1875*	*1. Okt. 1894*
4. Gesetz, betreffend das Urheberrecht an Mustern u. Modellen	11. Jan. 1876	1. April 1876	—
5. Gesetz, betreffend das Urheberrecht an Werken der bildenden Künste	9. Jan. 1876	1. Juli 1876	—
6. Gesetz, betreffend den Schutz der Photographien gegen unbefugte Nachbildung. . . .	10. Jan. 1876	1. Juli 1876	—
7. *(Altes) Patentgesetz*	*25. Mai 1877*	*1. Juli 1877*	*1. Okt. 1891*
8. Übereinkunft zwischen Deutschland und Frankreich, betreffend den Schutz an Werken der Literatur und Kunst	19. April 1883	6. Nov. 1883	—
9. Übereinkunft zwischen Deutschland und Belgien, betreffend den Schutz von Werken der Literatur und Kunst . . .	12. Dez. 1883	11. Aug. 1884	—
10. Übereinkunft zwischen Deutschland und Italien, betreffend den Schutz an Werken der Literatur und Kunst	20. Juni 1884	23. Nov. 1884	—

		Zeitpunkt des Erlasses	Zeitpunkt des Inkrafttretens	Zeitpunkt des Erlöschens
11.	*Übereinkunft zwischen dem Deutschen Reiche und Großbritannien, betreffend den gegenseitigen Schutz der Rechte an Werken der Literatur und Kunst*	*2. Juni 1886*	*29. Okt. 1886*	*16. Dez. 1897*
12.	Übereinkunft, betreffend die Bildung eines internationalen Verbandes zum Schutze von Werken der Literatur und Kunst (Berner Übereinkunft) . . .	9. Nov. 1886	5. Dez. 1887	geändert seit dem 9. Dez. 1897
13.	Gesetz, betreffend die Ausführung der am 9. September 1886 zu Bern abgeschlossenen Übereinkunft wegen Bildung eines internationalen Verbandes zum Schutze von Werken der Literatur und Kunst . . .	4. April 1888	4. April 1888	—
14.	(Neues) Patentgesetz	7. April 1891	1. Okt. 1891	—
15.	Gesetz, betreffend den Schutz von Gebrauchsmustern . . .	1. Juni 1891	1. Okt. 1891	—
16.	Übereinkommen zwischen dem Deutschen Reich und Österreich-Ungarn über den gegenseitigen Patent-, Muster- und Markenschutz	6. Dez. 1891	1. Febr. 1892	—
17.	Übereinkommen zwischen dem Deutschen Reich und Italien über den gegenseitigen Patent-, Muster und Markenschutz . .	18. Jan. 1892	1. Febr. 1892	geändert seit dem 1. Mai 1903
18.	Übereinkunft zwischen dem Deutschen Reich und den Vereinigten Staaten von Amerika über den gegenseitigen Schutz der Urheberrechte	15. Jan. 1892	6. Mai 1892	—
19.	Übereinkommen zwischen dem Deutschen Reich und Serbien, betreffend den gegenseitigen Muster- und Markenschutz .	21. Aug. 1892	1. Jan. 1894	—
20.	Übereinkommen zwischen dem Deutschen Reich und der Schweiz, betreffend den gegenseitigen Muster- und Markenschutz	13. April 1892	16. Aug. 1894	geändert seit dem 1. Mai 1903
21.	Gesetz zum Schutze der Warenbezeichnungen	12. Mai 1894	1. Okt. 1894	—
22.	Gesetz zur Bekämpfung des unlauteren Wettbewerbs . .	27. Mai 1896	1. Juli 1896	—

	Zeitpunkt des Erlasses	Zeitpunkt des Inkrafttretens	Zeitpunkt des Erlöschens
23. (Pariser) Zusatzabkommen zur Übereinkunft, betreffend die Bildung eines internationalen Verbandes zum Schutze von Werken der Literatur und Kunst	4. Mai 1896	9. Dez. 1897	—
24. (Pariser) Deklaration, durch welche gewisse Bestimmungen der Berner Übereinkunft vom 9. September 1886 und der am 4. Mai 1896 zu Paris unterzeichneten Zusatzakte erläutert werden	4. Mai 1896	9. Dez. 1897	—
25. Bürgerliches Gesetzbuch . . .	18. Aug. 1896	1. Jan. 1900	—
26. Gesetz, betreffend die Patentanwälte	21. Mai 1900	1. Okt. 1900	—
27. Übereinkommen, betreffend den Schutz der Urheberrechte an Werken der Literatur, Kunst und Photographie, zwischen dem Deutschen Reich und Österreich-Ungarn	30. Dez. 1899	24. Mai 1901	—
28. Gesetz, betreffend das Urheberrecht an Werken der Literatur und der Tonkunst	19. Juni 1901	1. Jan. 1902	—
29. Gesetz über das Verlagsrecht	19. Juni 1901	1. Jan. 1902	—
30. Internationale Übereinkunft zum Schutze des gewerblichen Eigentums (sogenannte Pariser Übereinkunft)	20. März 1883	1. Mai 1903	—
31. *(Das erste Madrider) Abkommen, betreffend die Unterdrückung der falschen Herkunftsbezeichnungen auf Waren*	*14. April 1891*	—	—
32. *(Das zweite Madrider) Abkommen, betreffend die internationale Eintragung der Fabrik- oder Handelsmarken*	*14. April 1891*	—	*geändert am 14. Dez. 1900*
33. (Das dritte Madrider) Abkommen, betreffend die Ausstattung des internationalen Bureaus des Verbandes zum Schutze des gewerblichen Eigentums	15. April 1891	1. Mai 1903	—
34. *(Das vierte Madrider) Abkommen, betreffend die Auslegung und Anwendung der Pariser Übereinkunft*	*15. April 1891*	—	*Dies Abkommen ist auch seitens anderer Staaten als des Deutschen Reiches niemals anerkannt worden.*

	Zeitpunkt des Erlasses	Inkraft-tretens	Erlöschens
35. (Brüsseler) Zusatzakte, durch welche die Übereinkunft vom 20. März 1883, sowie das beigefügte Schlußprotokoll abgeändert wird	14. Dez. 1900	1. Mai 1903	—
36. *(Brüsseler) Zusatzabkommen, betreffend Änderung des (zweiten Madrider) Abkommens vom 14. April 1891 wegen der internationalen Eintragung der Fabrik- oder Handelsmarken*	*14. Dez. 1900*	—	—
37. Übereinkommen zwischen dem Deutschen Reich u. der Schweiz, betreffend den gegenseitigen Patent-, Muster- und Markenschutz	26. Mai 1902	1. Mai 1903	—
38. Übereinkommen zwischen dem Deutschen Reich und Italien über den gegenseitigen Patent-, Muster- und Markenschutz .	21. Juni 1902	1. Mai 1903	—
39. Gesetz zum Schutze des Genfer Neutralitätszeichens	22. März 1902	1. Juli 1903	—
40. Gesetz, betreffend den Schutz von Erfindungen, Mustern und Warenzeichen auf Ausstellungen	18. März 1904	18. März 1904	—
41. *Entwurf eines Gesetzes, betreffend das Urheberrecht an Werken der bildenden Künste und der Photographie*	*veröffentlicht den 27. April 1904*	—	—

Das Urheberrecht an Werken der Literatur und Kunst.

Der Schutz von Werken der Literatur und Tonkunst.

Der Schutz von Werken der Literatur und Tonkunst wurde, wie bereits bemerkt, in früheren Zeiten nur durch Privilegien bewirkt, die in Deutschland seitens des Kaisers oder auch seitens der Fürsten und Städte verliehen wurden, und deren Geltungsdauer in der Regel ziemlich kurz bemessen war. Diese Privilegien stellten sich lediglich dar als Nachdrucksverbote und kamen demnach in erster Linie dem

Drucker zugute. Das erste deutsche Gesetz, das sich eingehender mit dem Urheberschutz befaßte, war das Preußische Landrecht, das in seinen hier zu berücksichtigenden Bestimmungen allerdings auch noch von dem bloßen Schutze gegen Nachdruck ausging, diesen aber wenigstens davon abhängig machte, daß der Verleger seine Rechte ordnungsgemäß von dem Urheber erworben habe.

Nach Gründung des Deutschen Bundes schloß Preußen nun eine Reihe von Literaturverträgen mit den übrigen deutschen Staaten ab, während der Deutsche Bund nur langsam nachfolgte, bis im Jahre 1834 bestimmt wurde, daß der Nachdruck im Umfange des ganzen Bundesgebietes zu verbieten und das schriftstellerische Eigentum nach gleichförmigen Grundsätzen sicherzustellen und zu schützen sei. Daran anschließend wurden dann noch manche weitere Vorschriften, namentlich auch Gesetze seitens der einzelnen Bundesstaaten erlassen, ohne daß jedoch eine tatsächliche Rechtseinheit erzielt worden wäre.

Erst das Gesetz vom 11. Juni 1870 regelte das Urheberrecht an Schriftwerken, Abbildungen, musikalischen Kompositionen und dramatischen Werken für das ganze Deutsche Reich einheitlich.

In den folgenden Jahren wurden dann manche Verträge betreffend den gegenseitigen Schutz von Werken der bezeichneten Art mit dem Auslande abgeschlossen, nämlich mit der Schweiz, mit Frankreich, mit Belgien, mit Italien, mit Großbritannien. Diese Verträge erhielten ihre Krönung durch die am 9. September 1886 zu Bern geschlossene Übereinkunft, betreffend die Bildung eines internationalen Verbandes zum Schutze von Werken der Literatur und Kunst, die sogenannte Berner Übereinkunft. Durch diese, am 4. Mai 1896 zu Paris noch weiter ausgestalteten Abmachungen wurden die Verträge mit der Schweiz und mit

Großbritannien überflüssig, während die anderen Verträge noch bestehen blieben und solche mit den Vereinigten Staaten von Amerika und mit Österreich-Ungarn noch hinzukamen.

Dem durch diese Verträge neugeschaffenen Rechtszustand mußte sich nun auch das innere deutsche Recht anbequemen, zumal sich überhaupt die Anschauungen auf dem Gebiete des Urheberrechtes in den letzten Jahrzehnten ziemlich geändert hatten.

Es wurden infolgedessen die beiden Gesetze vom 19. Juni 1901, betreffend das Urheberrecht an Werken der Literatur und Tonkunst und betreffend das Verlagsrecht, erlassen.

In dem Urheberrechtsgesetz (im engsten Sinne dieses Wortes gemeint) von 1901 wird zunächst festgesetzt, daß unter seinen Schutz fallen sollen die Urheber von Schriftwerken und solchen Vorträgen oder Reden, die dem Zwecke der Erbauung, der Belehrung oder der Unterhaltung dienen. Ferner werden die Urheber von Werken der Tonkunst genannt, sowie die Urheber von solchen Abbildungen wissenschaftlicher oder technischer Art, die nicht ihrem Hauptzwecke nach als Kunstwerke zu betrachten sind. Zu den Abbildungen sollen auch die plastischen Darstellungen gehören.

Es wird dann gesagt, daß der Urheber eines Werkes dessen Verfasser sei. Bei einer Übersetzung gilt der Übersetzer, bei einer sonstigen Bearbeitung der Bearbeiter als Urheber. Auch wird festgesetzt, daß in gewissen Fällen nicht der Verfasser, sondern andere Personen als Urheber angesehen werden sollen. Dies gilt von juristischen Personen des öffentlichen Rechtes (also nicht von juristischen Personen des Privatrechtes), die als Urheber ein Werk veröffentlichen, dessen Verfasser nicht auf dem Titelblatt, in der Zueignung, in der Vorrede oder am Schlusse des Werkes namhaft gemacht ist. Auch soll bei Sammelwerken der Herausgeber, oder wenn ein solcher nicht genannt ist, der Verleger als Urheber gelten.

Im Falle ein Werk von mehreren verfaßt ist, wird unterschieden, ob es sich hier um Werke handelt, die aus verschiedenen Kunstgattungen bestehen, oder um ganz einheitliche Erzeugnisse. Wird ein Schriftwerk mit einem Werke der Tonkunst oder mit Abbildungen verbunden, so gilt für jedes dieser Werke der betreffende Verfasser auch nach der Verbindung als Urheber. Haben jedoch mehrere ein Werk gemeinsam in der Weise verfaßt, daß ihre Arbeiten sich nicht trennen lassen, so soll ihnen das Recht an dem Werke gemeinschaftlich zustehen.

Das Recht des Urhebers geht auf die Erben über. Sind solche nicht vorhanden, und würde demnach der Fiskus oder eine andere juristische Person gesetzlicher Erbe sein, so erlischt das Recht mit dem Tode des Urhebers. Andernfalls endigt es, wenn seit diesem Zeitpunkt dreißig Jahre und außerdem seit der ersten Veröffentlichung des Werkes zehn Jahre abgelaufen sind. Diese letztere Bestimmung erklärt sich daraus, daß vielfach Werke oft erst längere Zeit nach dem Tode des Urhebers der Öffentlichkeit übergeben werden, sogenannte nachgelassene Werke. Bei Werken, deren Urheberrecht mehreren zusteht, werden jene Fristen vom Tode des am längsten Lebenden an gerechnet.

Ist der wahre Name des Urhebers nicht bei der ersten Veröffentlichung oder sonst rechtzeitig angegeben worden, handelt es sich also um sogenannte anonyme oder pseudonyme Werke, so dauert der Schutz nur dreißig Jahre nach der Veröffentlichung. Der Herausgeber oder Verleger ist während dieser Zeit befugt, die Rechte des Urhebers wahrzunehmen. Für die Sicherung der Rechte ungenannter Verfasser wird indessen von dem Stadtrat zu Leipzig eine Eintragsrolle geführt. In diese können die betreffenden Urheber eingetragen werden, um ihnen den vollen Schutz des Gesetzes auch bezüglich der Dauer ihrer Rechte zu sichern.

Weiter ist wegen der Dauer des Urheberschutzes noch zu bemerken, daß die Schutzfristen mit dem Ablauf des Kalenderjahres beginnen, in dessen Verlauf das für ihren Anfang maßgebende Ereignis eingetreten ist. Dabei wird bei Werken, die aus einzelnen Bänden bestehen, jeder Band als ein besonderes Werk betrachtet. Bei Lieferungswerken wird die Schutzfrist dagegen erst von der Veröffentlichung der letzten Lieferung an gerechnet.

Wird das Urheberrecht übertragen, so hat der Erwerber im allgemeinen nicht das Recht, an den Werken irgendwelche Änderungen, Kürzungen oder Zusätze vorzunehmen.

Eine Zwangsvollstreckung in das Recht des Urhebers findet gegen ihn selbst ohne seine Einwilligung nicht statt; gegen den Erben des Urhebers ist eine solche ohne dessen Einwilligung nur dann zulässig, wenn das Werk bereits erschienen ist.

Der Urheber hat die ausschließliche Befugnis, das Werk zu vervielfältigen und gewerbsmäßig zu verbreiten. Solange ferner der wesentliche Inhalt des Werkes noch nicht öffentlich von ihm mitgeteilt ist, ist er ausschließlich zu einer solchen Mitteilung befugt. Weiter hat der Urheber eines Bühnenwerkes oder eines Werkes der Tonkunst die ausschließliche Befugnis, das Werk öffentlich aufzuführen. Der Urheber eines Schriftwerkes oder eines Vortrages hat weiter, solange das Werk nicht erschienen ist, allein das Recht, es öffentlich vorzutragen.

Ein ausschließliches Recht, die betreffenden Werke zu verleihen, hat der Urheber nicht.

Die Befugnisse des Urhebers erstrecken sich nicht nur auf das Werk in seiner ursprünglichen Gestalt, sondern auch auf dessen Bearbeitungen. Insbesondere werden hier genannt die Übersetzung in eine andere Sprache oder Mundart, sowie die Rückübersetzung. Weiter ist dem Urheber allein die Wiedergabe einer Erzählung in dramatischer Form oder eines Bühnenwerkes in Form einer Erzählung vorbehalten. Auch die Herstellung von Auszügen aus Werken der Tonkunst, sowie die Einrichtung solcher Werke für einzelne oder mehrere Instrumente oder Stimmen steht ihm allein zu.

Jedoch ist die freie Benutzung eines Werkes zulässig, wenn dadurch eine andere eigentümliche Schöpfung hervorgebracht wird. Dies gilt indessen nur mit der Maßgabe, daß einem Werke der Tonkunst eine Melodie nicht erkennbar entnommen und einer neuen Arbeit zugrunde gelegt werden darf.

Auch im Falle einer Übertragung des Urheberrechtes verbleiben dem Urheber als ausschließliche Befugnisse das Recht der uberſetzung, das der Dramatisierung (oder umgekehrt), sowie das der Bearbeitung von Werken der Tonkunst, soweit diese Bearbeitung nicht nur ein Auszug oder eine Übertragung in eine andere Tonart oder Stimmlage ist.

Von den hier im allgemeinen festgestellten Rechten des Urhebers werden sodann verschiedene Ausnahmen gemacht. Zunächst wird gesagt, daß die Vervielfältigung eines Werkes zum persönlichen Gebrauch zulässig sei, wenn sie nicht den Zweck habe, aus dem Werke eine Einnahme zu erzielen. Zulässig ist auch der Abdruck von Gesetzbüchern, Gesetzen, Verordnungen usw., sowie von anderen zum amtlichen Gebrauche hergestellten amtlichen Schriften.

Zulässig ist ferner die in Zeitungen oder Zeitschriften erfolgende Wiedergabe von Vorträgen oder Reden, die Bestandteil öffentlicher Verhandlungen waren, ferner die Wiedergabe solcher Vorträge oder Reden, die bei den Verhandlungen der Gerichte, der politischen und ähnlicher Vertretungen gehalten worden sind. Unzulässig ist eine derartige

Wiedergabe von Vorträgen usw. jedoch dann, wenn sie in einer Sammlung erfolgt, die der Hauptsache nach Reden desselben Verfassers enthält.

Zulässig ist ferner unbedingt der Nachdruck sogenannter vermischter Nachrichten aus Zeitungen oder Zeitschriften. Werden andere Artikel aus Zeitungen nachgedruckt, so ist dies nur dann zulässig, wenn diese Artikel nicht mit einem entgegenstehenden Vermerk versehen sind, wenn die Quelle deutlich angegeben wird, und wenn der Sinn nicht entstellt wird. Dagegen dürfen Ausarbeitungen wissenschaftlichen, technischen oder unterhaltenden Inhaltes überhaupt nicht abgedruckt werden.

Weiter ist es erlaubt, einzelne Stellen eines Schriftwerkes usw. in einer selbständigen literarischen Arbeit anzuführen, sowie kleinere Aufsätze oder Gedichte in eine solche aufzunehmen. Auch dürfen einzelne Gedichte in Sammlungen aufgenommen werden, die Werke einer größeren Zahl von Schriftstellern vereinigen und zur Benutzung bei Gesangsvorträgen bestimmt sind. Sind Sammlungen kleinerer Aufsätze, von Gedichten usw. einer größeren Anzahl von Schriftstellern für den Kirchen- oder Schulgebrauch oder zu einem eigentümlichen literarischen Zwecke bestimmt, so ist der Abdruck der einzelnen Aufsätze usw. gleichfalls zulässig. Im letztgenannten Falle bedarf es, solange der Urheber lebt, seiner persönlichen Einwilligung. Diese gilt schon als erteilt, wenn der Urheber nicht umgehend Widerspruch gegen die Benutzung seines Werkes erhebt.

Auch dürfen kleinere Teile einer Dichtung oder Gedichte geringeren Umfanges nach ihrem sonstigen Erscheinen als Text zu einem Werke der Tonkunst benutzt werden, vorausgesetzt, daß die betreffenden Dichtungen nicht schon ihrer Gattung nach zur Komposition bestimmt sind.

Was die Vervielfältigung von einzelnen Teilen eines Tonwerkes anbetrifft, so gelten hierfür im allgemeinen die bereits eben mitgeteilten Vorschriften bezüglich der Vervielfältigung einzelner Teile von Werken der Literatur. Es wird jedoch weiter bestimmt, daß, den Verhältnissen auf dem Gebiete der Industrie mechanischer Musikinstrumente entsprechend, Vervielfältigungen zulässig sein sollen, wenn ein erschienenes Werk der Tonkunst auf solche Scheiben, Platten, Walzen, Bänder und ähnliche Bestandteile von Instrumenten übertragen wird, die zur mechanischen Wiedergabe von Musikstücken dienen. Diese Vorschrift soll auch auf auswechselbare Bestandteile Anwendung finden, sofern sie nicht für Instrumente zu benutzen sind, durch die das Werk hinsichtlich der Stärke und Dauer des Tones und hinsichtlich des Zeitmaßes nach Art eines persönlichen Vortrages wiedergegeben werden kann.

Wegen der Abbildungen wird bestimmt, daß einem Schriftwerk ausschließlich zur Erläuterung des Inhaltes einzelne Abbildungen aus einem erschienenen Werke beigefügt werden dürfen.

Allgemein wird dann noch vorgeschrieben, daß auch bei den erlaubten Vervielfältigungen an den wiedergegebenen Teilen keine Änderungen vorgenommen werden dürfen, sofern diese nicht lediglich Übersetzungen, Auszüge oder Übertragungen für den vorliegenden Zweck sind. Jedoch soll die Abänderung von Aufsätzen usw. zulässig sein, sofern es sich um eine Sammlung für den Schulgebrauch handelt und der Urheber, falls er noch lebt, gegen solche Änderungen keinen Widerspruch erhoben hat. Auch ist stets die Quelle deutlich anzugeben.

Öffentliche Aufführungen eines bereits erschienenen Werkes der Tonkunst können ohne Einwilligung des Berechtigten veranstaltet werden, wenn sie keinem gewerblichen Zwecke dienen und die Hörer unentgeltlich zugelassen werden, oder wenn sie bei Volksfesten, mit Ausnahme der Musikfeste, stattfinden, oder wenn der Ertrag ausschließlich für wohltätige Zwecke bestimmt ist und die Mitwirkenden keine Vergütung für ihre Tätigkeit erhalten, oder wenn sie von Vereinen veranstaltet werden und nur Vereinsmitglieder und deren Angehörige zugelassen werden. Jedoch sollen diese Ausnahmen für die bühnenmäßige Aufführung von Opern und ähnlichen Werken nicht gelten.

Von Werken letztgenannter Art ist schließlich für eine Aufführung nur die Einwilligung des Urhebers der Musik, nicht aber eine solche des Textverfassers erforderlich.

Den Schutz des Urheberrechtes nach diesem Gesetz genießen alle Angehörigen des Deutschen Reiches, gleichviel, ob die betreffenden Werke schon erschienen sind oder nicht. Auch Personen, die nicht Reichsangehörige sind, genießen den Schutz des Gesetzes für ihre im Inland erscheinenden Werke, sofern sie nicht das Werk selbst oder eine Übersetzung schon früher haben im Auslande erscheinen lassen. Unter den gleichen Voraussetzungen genießen sie den Schutz für jedes im Inlande in einer Übersetzung erschienene Werk. In diesem Falle gilt die Übersetzung als das Originalwerk.

Soweit der in dem Gesetze gewährte Schutz davon abhängt, ob ein Werk erschienen oder anderweitig veröffentlicht, oder ob sein wesentlicher Inhalt öffentlich mitgeteilt worden ist, kommt nur eine Veröffentlichung oder Mitteilung in Betracht, die der Berechtigte bewirkt hat.

Die in dem Gesetz weiter enthaltenen Übergangsbestimmungen können wir hier übergehen, da sie nur für die erste Zeit nach seinem Inkrafttreten Bedeutung hatten. Das gleiche gilt von der Bemerkung, daß auch die Übergangsbestimmungen in dem alten Gesetze vom 11. Juni 1870 noch aufrecht erhalten werden sollen. Diese Bestimmungen dürften überhaupt praktisch wohl kaum mehr irgendwie in Betracht kommen.

Es wären nun noch die Strafvorschriften zu erörtern, die für den Fall einer Zuwiderhandlung gegen das Gesetz aufgestellt sind; jedoch werden wir im letzten Abschnitt dieser Schrift alle hier in Betracht kommenden strafrechtlichen Bestimmungen gemeinsam behandeln.

Es sei aus diesen für jetzt nur erwähnt, daß für sämtliche Bundesstaaten Sachverständigenkammern bestehen sollen, die verpflichtet sind, auf Erfordern der Gerichte Gutachten über Fragen bezüglich der Auslegung dieses Gesetzes abzugeben. Auch sollen sie auf Anrufen der Beteiligten in gewissen Fällen als Schiedsgerichte tätig sein.

Das Verlagsrecht an Werken der Literatur und Tonkunst.

Ebenso wie man mit der Benennung Urheberrecht namentlich früher allein dasjenige an Werken der Literatur und Tonkunst bezeichnete, so belegt man mit dem Namen Verlagsrecht auch jetzt noch um so mehr fast ausschließlich dasjenige an den genannten Erzeugnissen, als ein Verlagsrecht auf anderem Gebiete bis jetzt in Deutschland noch nicht gesetzlich geordnet worden ist.

Indem sich das Urheberrecht als das in der Person des Urhebers durch die Tatsache geistigen Schaffens entstandene Recht darstellt, über die Kundgabe der Erzeugnisse dieses Schaffens an andere zu bestimmen, so ist es zunächst noch kein Vermögensrecht. Wenn es nun auch im Einklange damit ursprünglich noch keine wirtschaftliche Ausbeutung zuließ, so wurde dies mit der Erfindung der Buchdruckerkunst anders. Diese gab nicht nur den Druckern und Verlegern die Möglichkeit, aus dem Vertrieb der Geisteserzeugnisse anderer Personen Vorteile zu ziehen, sondern gestattete auch wiederum letzteren, an dem Nutzen jener den ihnen gebührenden Anteil zu nehmen.

Die Beziehungen zwischen Urheber und Verleger zu regeln, ist nun die Aufgabe des Verlagsrechtes, eines von dem Urheberrecht demnach abhängigen Gebietes. Da der Urheber durch den Verlagsvertrag naturgemäß niemals mehr Rechte übertragen kann, als er selbst besitzt, so ergibt es sich hier zunächst, daß die Rechte des Verlegers sich nur innerhalb der dem Urheber zustehenden Rechte bewegen können. Sie werden indessen der Regel nach kleiner sein, da anderenfalls schon kein Verlagsvertrag, sondern eine vollständige Übertragung des Urheberrechtes vorliegen würde.

Um nun auf die Bestimmungen des Verlagsgesetzes vom 19. Juni 1901 zu kommen, so wird in diesem zunächst gesagt: Durch den Verlagsvertrag über ein Werk der Literatur oder der Tonkunst wird der Verfasser verpflichtet, dem Verleger das Werk zur Vervielfältigung und Verbreitung für eigene Rechnung zu überlassen. Der Verleger ist verpflichtet, das Werk zu vervielfältigen und zu verbreiten.

Der Verfasser hat sich während der Dauer des Vertragsverhältnisses jeder solchen Vervielfältigung und Verbreitung des Werkes zu enthalten, die einem Dritten während der Dauer des Urheberrechtes untersagt ist. Jedoch darf er das Werk in eine andere Sprache oder Mundart übersetzen, eine Erzählung dramatisieren oder umgekehrt, sowie ein Werk der Tonkunst bearbeiten, soweit diese Bearbeitung nicht nur ein Auszug oder eine bloße Übertragung sein würde.

Auch ist der Verfasser zur Besorgung einer Gesamtausgabe seiner Werke befugt, wenn seit dem Erscheinen der darin aufgenommenen Einzelwerke zwanzig Jahre verflossen sind.

Außerdem dürfen Beiträge zu einem Sammelwerk von dem Verfasser anderweitig verwendet werden, wenn ihm für diese Beiträge keine Vergütung gewährt wurde, und wenn seit dem Erscheinen des Sammelwerkes ein Kalenderjahr verflossen ist.

Dagegen ist der Verleger nicht berechtigt, ein Einzelwerk für eine Gesamtausgabe oder Teile von Sammelwerken für eine Einzelausgabe zu verwenden, sofern eine solche Verwendung nicht unter diejenigen Arten der Benutzung kleinerer Werke fällt, die nach dem Inhalte des Urheberrechtes einem jeden anderen ebenfalls freistehen würde.

Nach diesen allgemeinen Bestimmungen über den Umfang des Verlagsrechtes folgen besondere Bestimmungen, aus denen hervorzuheben ist, daß der Verleger im Zweifelsfalle nur zur Herstellung einer Auflage berechtigt ist, und daß die Zahl der anzufertigenden Abzüge im Zweifelsfalle für jede Auflage tausend betragen soll. Zuschußexemplare, das heißt, solche Exemplare, die über die Zahl der Auflage hinaus gedruckt werden, um etwa beschädigte Exemplare zu ersetzen, werden in die Zahl der zulässigen Abzüge nicht mit eingerechnet. Das gleiche gilt von Freiexemplaren.

Bis zur Vollendung der Vervielfältigung darf der Verfasser Änderungen an dem Werke vornehmen, wenn nicht dadurch ein berechtigtes Interesse des Verlegers verletzt wird. Insofern diese Veränderungen das übliche Maß übersteigen, ist er jedoch verpflichtet, die hieraus entstehenden Kosten zu ersetzen, wenn nicht inzwischen eingetretene besondere Umstände diese Änderungen notwendig gemacht haben. Der Verleger darf Änderungen an dem Werke nicht vornehmen.

Ist die Auflage vergriffen und hat der Verleger das Recht, eine neue zu veranstalten, so braucht er von diesem Rechte keinen Gebrauch zu machen. Jedoch kann in diesem Falle der Verfasser von dem Vertrage zurücktreten. Fällt der Zweck, dem das Werk dienen soll, nach Abschluß des Vertrages weg, so kann der Verleger das Verhältnis kündigen; jedoch wird der Anspruch des Verfassers auf die Vergütung davon nicht berührt.

Bei Sammelwerken kann der Verleger im Einverständnis mit dem Herausgeber einzelne Beiträge weglassen.

Die Bestimmung des Ladenpreises ist Sache des Verlegers; jedoch darf er diesen nicht ohne Zustimmung des Verfassers erhöhen. Auch Form und Ausstattung der Abzüge wird unter Beobachtung der im Verlagshandel herrschenden Übung vom Verleger bestimmt.

Ist über den Betrag der durch den Verleger zu zahlenden Vergütung nichts ausgemacht, so hat der Verfasser Anspruch auf eine solche Vergütung, die der Lage der Sache nach angemessen erscheint. Außerdem stehen ihm auf je hundert Abzüge ein Freiexemplar, jedoch im ganzen nicht weniger als fünf und nicht mehr als fünfzehn zu. Auf Verlangen erhält er außerdem ein Exemplar in Aushängebogen, das heißt, in einzelnen ungehefteten Bogen, wie sie fertig aus der Presse kommen. Von Beiträgen, die in Sammelwerken erscheinen, dürfen Sonderabzüge als Freiexemplare geliefert werden.

Bei Werken der Tonkunst richtet sich die Zahl der Freiexemplare, ebenso übrigens auch die Höhe der Auflage, nach den besonderen Verhältnissen, wie sie im einzelnen Fall vorliegen, da sich für den Verlag von Musikalien besondere, von dem Buchverlag abweichende und im einzelnen verschiedene Gebräuche gebildet haben. Insbesondere wird hier die Auflage vielfach nicht auf einmal, sondern nur nach Bedarf gedruckt. Für diesen Fall ist der Verleger verpflichtet, den Vorrat an verkäuflichen Exemplaren innerhalb der einmal festgesetzten Auflage nicht ausgehen zu lassen.

Von den gedruckten Exemplaren kann der Urheber eine beliebige Anzahl zu dem Preise für sich verlangen, wie ihn der Verleger im Betriebe seines Verlagsgeschäftes als Mindestpreis festgesetzt hat, also zu demjenigen Preis, für den das Werk an Buchhändler (nicht an Einzelkäufer) abgegeben wird.

Der Verleger ist verpflichtet, dem Verfasser auf Verlangen Auskunft zu erteilen, ob die einzelne Auflage oder die bestimmte Anzahl von Abzügen vergriffen ist.

Die Rechte des Verlegers sind übertragbar, soweit nicht die Übertragung durch Vereinbarung zwischen ihm und dem Urheber ausgeschlossen ist. Der Verleger kann jedoch durch einen Vertrag, der nur über einzelne Werke geschlossen wird, seine Rechte nicht ohne Zustimmung des Verfassers übertragen. Diese Zustimmung kann nur verweigert werden, wenn ein wichtiger Grund vorliegt. Hatte der Verleger in derartigen Fällen seine Verpflichtungen dem Verfasser gegenüber noch nicht erfüllt, so ist der Rechtsnachfolger hierfür neben dem ursprünglichen Verleger dem Verfasser gegenüber verhaftet.

Eine Anzahl von Bestimmungen betrifft dann weiter den Fall, daß einer der beiden vertragschließenden Teile seine Verpflichtungen nicht erfüllt oder wieder zurückzutreten wünscht. Zunächst wird bestimmt, daß, im Falle ein zu verlegendes Werk nicht rechtzeitig abgeliefert wird, der Verleger je nach den Umständen dem Verfasser eine angemessene Frist zur Ablieferung bestimmen oder von dem Vertrage zurücktreten kann. Der Rücktritt ist indessen ausgeschlossen, wenn durch die Verzögerung der Ablieferung für den Verleger nur ein unerheblicher Nachteil entstehen würde.

Die gleichen Vorschriften finden Anwendung, wenn das Werk nicht von vertragsmäßiger Beschaffenheit ist. In diesem Falle kann der Verleger auch statt des Rücktrittsrechtes Schadenersatz wegen Nichterfüllung des Vertrages beanspruchen.

Umgekehrt stehen dem Verfasser entsprechende Ansprüche zu, wenn die Vervielfältigung oder Verbreitung des Werkes nicht in vertragsmäßiger Weise stattfindet.

Geht das noch nicht vervielfältigte, bei dem Verleger befindliche Werk unter, so behält der Verfasser den Anspruch auf Vergütung. Jedoch kann der Verleger verlangen, daß der Verfasser gegen eine angemessene Vergütung ein dem ersten im wesentlichen gleiches Werk nachliefert, falls dieses mit geringer Mühe geschehen kann. Erbietet sich der Verfasser, dies kostenfrei zu bewerkstelligen, so ist der Verleger zur Annahme dieses Ersatzwerkes verpflichtet.

Stirbt der Verfasser vor der Vollendung des Werkes, so kann der Verleger dem Erben gegenüber erklären, daß er in Ansehung des gelieferten Teiles des Werkes den Vertrag aufrecht erhalte. Der Erbe kann dem Verleger zur Ausübung dieses Rechtes eine angemessene Frist bestimmen. Diese Vorschriften finden auch dann entsprechende Anwendung, wenn die Vollendung des Werkes durch einen von dem Verfasser nicht verschuldeten Umstand unmöglich wird.

Weiter wird bestimmt, daß der Verfasser bis zum Beginn der Herstellung einer jeden Auflage von dem Vertrage zurücktreten kann, wenn unvorhergesehene Umstände eintreten, die andernfalls den Abschluß des Vertrages überhaupt als untunlich hätten erscheinen lassen. Jedoch ist der Verfasser alsdann dem Verleger zum Ersatz der bereits gemachten Aufwendungen verpflichtet. Darüber hinaus hat er dem Verleger noch Schadenersatz wegen Nichterfüllung zu leisten, wenn er das Werk, etwa weil die Umstände sich inzwischen wieder geändert haben, innerhalb Jahresfrist anderweitig herausgibt, ohne dem Verleger diese neue Herausgabe angetragen zu haben.

Im Falle über das Vermögen des Verlegers der Konkurs eröffnet wird, so kann der Konkursverwalter an Stelle des Verlegers den Vertrag erfüllen und die Erfüllung von dem Verfasser ihm gegenüber verlangen. Der Konkursverwalter kann auch die Verlagsrechte unter gewissen Bedingungen auf einen anderen übertragen. War indessen zur Zeit der Konkurseröffnung mit der Vervielfältigung noch nicht begonnen, so kann der Verfasser von dem Vertrage zurücktreten.

Im Falle einer der beiden Teile von seinem Rücktrittsrechte Gebrauch macht, so sind die Parteien verpflichtet, einander die empfangenen Leistungen zurückzugewähren oder für geleistete Dienste eine entsprechende Entschädigung zu entrichten. Die sich aus dem Rücktritt ergebenden Verpflichtungen sind Zug um Zug zu erfüllen. Sind bei einem Vertrag der hier in Rede stehenden Art auf der einen oder anderen Seite mehrere beteiligt, so kann das Rücktrittsrecht nur von allen oder gegen alle ausgeübt werden. Erlischt es für einen der Berechtigten, so erlischt es auch für die übrigen.

Erfolgt der Rücktritt wegen eines Umstandes, den der andere Teil nicht zu vertreten hat, so haftet dieser nur nach den Vorschriften über die Herausgabe einer ungerechtfertigten Bereicherung.

Soll ein Werk Gegenstand des Verlagsvertrages sein, an dem ein Urheberrecht nicht besteht, so darf der Verfasser dies dem Verleger nicht arglistig verschweigen. Auch darf er in diesem Falle innerhalb der Zeit von sechs Monaten nach der Veröffentlichung das betreffende Werk nicht selber anderweitig verbreiten. Umgekehrt hat in solchem Falle der Verleger das Recht, das betreffende Werk gleich jedem andern unverändert oder mit Änderungen weiter zu vervielfältigen, vorausgesetzt, daß nicht anderweitige Abmachungen dem entgegenstehen.

Besondere Bestimmungen sind für Beiträge vorgesehen, die für eine Zeitung, eine Zeitschrift oder ein sonstiges periodisches Sammelwerk geliefert werden.

Sofern nicht aus den Umständen zu entnehmen ist, daß der Verleger das ausschließliche Recht zur Vervielfältigung erhalten soll, verbleibt dem Verfasser die anderweitige Verfügung über seinen Beitrag. Über einen Beitrag, für den der Verleger das ausschließliche Recht der Vervielfältigung erhalten hat, darf indessen der Verfasser doch anderweit verfügen, wenn seit dem Ablaufe des Kalenderjahres, in dem der Beitrag erschienen ist, ein Jahr verstrichen war. Ist der Beitrag für eine Zeitung geliefert, so steht diese Befugnis dem Verfasser alsbald nach dem Erscheinen zu.

Ferner ist der Verleger hier in der Höhe der Auflage unbeschränkt. Er ist weiter nicht verpflichtet, wie bei anderen Werken, dem Verfasser vor der endgültigen Drucklegung eine Korrektur zugehen zu lassen.

Soll der Beitrag ohne Namen des Verfassers erscheinen, so ist der Verleger befugt, an der Fassung solche Änderungen vorzunehmen, die bei Sammelwerken derselben Art üblich sind.

Wird der Beitrag nicht innerhalb eines Jahres nach der Ablieferung veröffentlicht, so kann der Verfasser das Vertragsverhältnis kündigen, ohne seinen Anspruch auf Vergütung zu verlieren. Ein Anspruch auf Vervielfältigung oder auf Schadenersatz wegen Nichterfüllung steht dem Verfasser nur zu, wenn ihm der Zeitpunkt, in dem der Beitrag erscheinen sollte, von dem Verleger bezeichnet worden war.

In dem besonderen Falle, daß der Beitrag in einer Zeitung erscheint, kann der Verfasser weder Freiexemplare noch auch die Überlassung von Exemplaren zum Buchhändlerpreis fordern.

Eine weitere Sonderbestimmung betrifft noch den Fall, daß jemand die Herstellung eines Werkes nach einem Plane übernimmt, in dem ihm der Besteller den Inhalt des Werkes sowie die Art und Weise der Behandlung genau vorschreibt. In diesem Falle ist der Besteller in der Regel nicht zur Vervielfältigung verpflichtet. Das gleiche gilt für die Mitarbeit an enzyklopädischen Unternehmungen oder für Hilfs- und Nebenarbeiten.

Die Vorschriften dieses Gesetzes finden auch dann Anwendung, wenn derjenige, der mit dem Verleger den Vertrag abgeschlossen hat, nicht der Verfasser des betreffenden Werkes ist.

Das Urheberrecht an Werken der bildenden Künste und an verwandten Erzeugnissen.

Auf dem Gebiete des Urheberrechtes an Werken der bildenden Künste und an verwandten Erzeugnissen befinden wir uns gegenwärtig in einem Übergangszustande. Es gilt hier noch das Gesetz vom 9. Januar 1876, betreffend das Urheberrecht an Werken der bildenden Künste, ergänzt durch dasjenige vom 10. Januar 1876, betreffend den Schutz der Photographien gegen unbefugte Nachbildung, sowie durch das Gesetz vom 11. Juni 1870, betreffend das Urheberrecht an Schriftwerken, Abbildungen, musikalischen Kompositionen und dramatischen Werken. Letzteres, in seinem eigentlichen Geltungskreise allerdings durch das Urheberrechtgesetz vom 19. Juni 1901 schon aufgehobene Gesetz steht insofern zu den beiden erstgenannten in einem Ergänzungsverhältnis, als diese in vielen Beziehungen auf Bestimmungen des älteren Gesetzes verweisen. Diese Vorschriften sind denn auch vorläufig noch so lange in Kraft geblieben, bis das hier geltende Recht in einem neuen Gesetze einheitlich behandelt sein wird.

Dies neue Gesetz liegt in einem im Mai 1904 der Öffentlichkeit übergebenen Entwurf vor, der wohl in seinen wesentlichen Bestimmungen in nicht zu ferner Zeit Gesetz werden wird. Hieran ist um so weniger zu zweifeln, als der Entwurf sich aufs engste an das bereits besprochene Gesetz vom 19. Juni 1901 anschließt, das das Urheberrecht an Werken der Literatur und Tonkunst regelt.

Unter diesen Umständen wird es am besten sein, wenn wir bei der Schilderung des hier in Betracht kommenden Rechtsgebietes uns in erster Linie an den neu vorgelegten Entwurf halten, dabei aber überall da auf den bisherigen Rechtszustand verweisen, wo dieser von dem jetzt noch herrschenden verschieden ist.

In dieser Hinsicht ist zunächst zu bemerken, daß durch die beiden älteren Gesetze nur der Urheber von Werken der bildenden Kunst sowie die Verfertiger von Photographien gegen unbefugte Nachbildung geschützt sind, während Bauwerke ausdrücklich von dem Schutze ausgeschlossen sind.

Der neue Entwurf bezieht dagegen Bauwerke und Entwürfe in den Schutzbereich des Gesetzes ein, wofern sie künstlerische Zwecke verfolgen. Auch ist als eine wesentliche Erweiterung des Kunstschutzes das in dem neuen Entwurf festgelegte sogenannte Recht am eigenen Bilde zu betrachten.

Als weiterer grundlegender Unterschied ist noch zu erwähnen, daß das alte Kunstschutzgesetz eine in gewerblichen Kreisen ganz besonders unbeliebte Bestimmung folgenden Inhalts enthielt: Wenn der Urheber eines Werkes der bildenden Künste gestattet, daß dasselbe an einem Werke der Industrie, der Fabriken, Handwerke oder Manufakturen nachgebildet wird, so genießt er den Schutz gegen weitere Nachbildungen an Werken der Industrie usw. nicht nach Maßgabe des gegenwärtigen Gesetzes, sondern nur nach Maßgabe des Gesetzes betreffend das Urheberrecht an Mustern und Modellen.

Diese Bestimmung, sowie die entsprechende des Photographieschutzgesetzes sind in dem neuen Entwurfe weggefallen, so daß hiernach ein Kunstwerk oder eine Photographie ohne Rücksicht auf etwa erfolgende Verwendung zu gewerblichen Zwecken geschützt ist und bleibt.

Um nun zu den einzelnen hier in Betracht kommenden Bestimmungen überzugehen, so wird als Urheber eines Werkes dessen Verfertiger angesehen. Bei einem Werke der photographischen Kunst wird derjenige als der Verfertiger anzusehen sein, der die ganze Aufnahme leitet, ebenso bei einem Werke der Bildhauerei oder der Baukunst derjenige, nach dessen Entwurf das betreffende Werk ausgeführt wird.

Wer ein Werk der bildenden Künste oder der Photographie durch ein anderes Werk der bildenden Künste oder der Photographie nachbildet, gilt in bezug auf das durch ihn hervorgebrachte Werk als Urheber. Dabei bleibt die Frage unerörtert, ob und inwiefern das sich erstmals als Nachbildung darstellende Werk in das Rechtsgebiet des ursprünglichen Urhebers eingreift, und also unter Umständen seinerseits eine verbotene Nachbildung davon sein würde.

Juristische Personen des öffentlichen Rechtes, die ein Werk erscheinen lassen, das den Namen des Verfertigers nicht angibt, werden als die Urheber des Werkes angesehen. Ist im übrigen auf einem Werke nicht der Name des Verfertigers oder statt dessen ein falscher Name angegeben, so ist der Herausgeber oder Verleger berechtigt, das Interesse des Urhebers wahrzunehmen.

Haben mehrere bei der Verfertigung eines Werkes derart mitgewirkt, daß ihre Arbeiten sich nicht trennen lassen, so besteht unter ihnen als Urhebern eine Gemeinschaft an dem gesamten Werke.

Das Recht des Urhebers geht auf den Erben über und ist auch sonst beliebig übertragbar. Jedoch findet nach dem neuen Entwurf die Zwangsvollstreckung in das Recht des Urhebers gegen diesen selbst ohne dessen persönliche Einwilligung nicht statt. Gegen seine Erben ist die Zwangsvollstreckung nur zulässig, wenn das Werk oder eine Vervielfältigung davon erschienen ist. Diese letzteren Bestimmungen fehlen in dem noch geltenden Gesetz.

Ist der Fiskus oder eine andere juristische Person gesetzlicher Erbe, so erlischt das Urheberrecht mit dem Tode des Urhebers.

Im übrigen besteht dies Recht noch dreißig Jahre nach dem Tode des Urhebers fort, sofern es sich um ein Werk der bildenden Künste oder der Baukunst handelt. Dagegen endigt der Schutz des Urheberrechtes an einem Werke der Photographie mit dem Ablaufe von fünfzehn Jahren seit dem Erscheinen des Werkes oder spätestens fünfzehn Jahre nach dem Tode des Urhebers.

Hierdurch ist die Schutzdauer für photographische Werke wesentlich verlängert, die bis jetzt nur fünf Jahre betrug. Auch fällt der bis jetzt bestehende Zwang fort, photographische Aufnahmen behufs Geltendmachung des gesetzlichen Schutzes mit Namen oder Firma und dem Wohnorte des Verfertigers oder Verlegers, sowie mit einer Angabe des Erscheinungsjahres zu versehen.

Überhaupt hat sich in dem neuen Gesetzentwurf der den photographischen Werken beigelegte Charakter wesentlich geändert. Während das alte Gesetz sich als ein solches zum Schutze der Photographen gegen unbefugte Nachbildung darstellte, und zwar von dem *Verfertiger* der photographischen Aufnahme, nicht aber von einem Urheberrecht sprach, so spricht der neue Entwurf unterschiedslos von Werken der bildenden Künste und der Photographie. Bei dem Umstande, daß die Anfertigung von Photographien vielfach nur eine mehr oder weniger mechanische Tätigkeit ist, werden sich hier, wenn die betreffenden Bestimmungen nicht geändert werden sollten, wohl manchmal im einzelnen Schwierigkeiten darüber ergeben, wer als der Urheber anzusehen ist, namentlich wenn das betreffende Werk nicht nur auf Bestellung, sondern auch in den Arbeitsräumen des Bestellers angefertigt wurde, z. B. wenn es sich um solche Aufnahmen handelte, die für die Zwecke eines Gewerbebetriebes oder eines Künstlers bestimmt sind.

In dem alten Gesetz ist ferner eine Eintragsrolle vorgesehen für Werke, die entweder unter einem anderen als dem wahren Namen des Urhebers veröffentlicht waren, oder bei denen ein Urheber überhaupt nicht angegeben ist. Derartige Werke sind nur dreißig Jahre nach der Veröffentlichung geschützt, wenn nicht innerhalb dieser Zeit der wahre Name des Urhebers in jene, auch für Werke der Literatur und Tonkunst dienende Rolle eingetragen wird. Entsprechende Bestimmungen sind in das neue Gesetz nicht übernommen worden, da die Eintragsrolle für Werke der bildenden Künste kaum benutzt wurde.

Fortgefallen sind auch die besonderen Vorschriften über die Berechnung der Schutzfrist für die in Zwischenräumen und Lieferungen erscheinenden Werke. Auch diese Vorschriften sind im wesentlichen nur für Erzeugnisse der Literatur und Tonkunst Bedürfnis.

Bei Berechnung der Dauer des Schutzes wird das Jahr, in dem das Werk erschienen oder in dem der Urheber gestorben ist, nicht mitgerechnet. Steht das Urheberrecht mehreren gemeinsam zu, so wird erst von dem Tode des Letztlebenden an gerechnet. Soweit der Schutz davon abhängig ist, ob ein Werk erschienen ist, kommt nur ein Erscheinen in Betracht, das der Berechtigte veranlaßt hat.

Diese letzteren Bestimmungen sind entsprechend denjenigen in dem neuen Gesetze für den Schutz von Werken der Literatur neu hinzugefügt.

Der Urheber hat die ausschließliche Befugnis, das Werk zu vervielfältigen, gewerbmäßig zu verbreiten, sowie auch — was neu ist — mittels mechanisch-optischer Einrichtungen vorzuführen. Als Vervielfältigung gilt auch die Nachbildung, bei Bauwerken und Entwürfen auch das Nachbauen.

Jedoch ist die freie Benutzung eines Werkes zulässig, wenn dadurch eine eigentümliche Schöpfung hervorgebracht wird. Auch ist eine Vervielfältigung zulässig, die nicht zum Zwecke der Verbreitung oder Schaustellung erfolgt und die unentgeltlich bewirkt wird.

Zulässig ist auch die Vervielfältigung und Verbreitung, wenn in eine selbständige wissenschaftliche Arbeit oder in ein für den Schul- oder Unterrichtsgebrauch bestimmtes Schriftwerk ausschließlich zur Erläuterung des Inhaltes einzelne erschienene Werke aufgenommen werden. Jedoch muß die Quelle deutlich angegeben werden.

Zulässig ist auch die Vervielfältigung von Werken, die an öffentlichen Straßen oder Plätzen dauernd aufgestellt sind, durch bildliche Wiedergabe ihrer äußeren Ansicht.

Bei Bildnissen einer Person geht nach dem bisherigen Recht die Befugnis zur Vervielfältigung an den Besteller über. Der neue Entwurf bringt weitergehende Vorschriften. Danach ist es hier dem Besteller gestattet, das Werk zu vervielfältigen, soweit nicht ein anderes vereinbart ist. Ist es ein Werk der bildenden Künste, so darf bei Lebzeiten des Verfertigers die Vervielfältigung nur im Wege der Photographie erfolgen. Es ist jedoch verboten, den Namen oder eine sonstige Bezeichnung des Urhebers des Werkes in einer Weise auf der Vervielfältigung anzugeben, die zu Verwechslungen Anlaß geben kann.

Weiter dürfen nach dem neuen Entwurfe Bildnisse nur mit Einwilligung des Abgebildeten verbreitet oder öffentlich zur Schau gestellt werden. Nach dem Tode des Abgebildeten bedarf es bis zum Ablaufe von zehn Jahren der Einwilligung der Angehörigen. Indessen dürfen Bildnisse aus dem Bereiche der Zeitgeschichte auch ohne diese Einwilligung verbreitet und ausgestellt werden. Desgleichen ist die Einwilligung des Abgebildeten nicht nötig bei solchen Bildern, deren Zweck nicht in der Darstellung einzelner Personen, sondern in der Wiedergabe von Landschaften, Versammlungen, Aufzügen und dergleichen besteht. Behörden dürfen für amtliche Zwecke ohne Einwilligung des Berechtigten oder seiner Angehörigen Bildnisse verbreiten.

Den Schutz des Gesetzes genießen die Reichsangehörigen für alle ihre Werke, gleichviel, ob diese erschienen sind oder nicht. Wer nicht Reichsangehöriger ist, genießt den Schutz für jedes seiner Werke, das im Inland erscheint, sofern er nicht das Werk schon früher im Auslande hat erscheinen lassen.

Was die Strafbestimmungen des Gesetzes anbetrifft, so werden wir auf diese im letzten Abschnitte dieses Buches noch zurückkommen. Es sei bemerkt, daß für Gutachten in Fragen der Verletzung des Urheberschutzes nach dem alten Gesetz sogenannte Sachverständigenvereine, nach dem neuen Entwurf Sachverständigenkammern zuständig sind. Die Entscheidungen dieser Sachverständigenvereine und -Kammern werden in der Regel nicht veröffentlicht.

Die internationalen Verträge zum Schutze des Urheberrechtes an Werken der Literatur und Kunst.

Unter den internationalen Verträgen auf dem Gebiete des Urheberrechtes an Werken der Literatur und Kunst können wir zwei große Gruppen unterscheiden, nämlich einmal die zwischen einzelnen Staaten geschlossenen Verträge, und dann diejenigen Abkommen, die zwischen einer größeren Anzahl von Staaten gleichzeitig abgeschlossen worden sind. In letzterer Beziehung ist für Deutschland wichtig und überhaupt von der größten Bedeutung die bereits erwähnte Berner Übereinkunft vom 9. September 1886. Außerdem besteht namentlich noch der Vertrag von Montevideo vom 11. Januar 1889 zwischen einer Anzahl südamerikanischer Staaten, dem unter gewissen Beschränkungen auch einige westeuropäische Regierungen beigetreten sind. Die Verträge von Mexiko, vom 27. Januar 1902, und von Guatemala, vom 17. Juni 1897, erstrecken ihre Wirksamkeit nur auf einige wenige südamerikanische Staaten.

Was nun die Berner Übereinkunft anbetrifft, so sind deren Bestimmungen mehrfach geändert und mit Zusätzen versehen worden. Dieser am 9. September 1896 geschlossene Vertrag, dem auch das Deutsche Reich von Anfang an zugehörte, wurde am 4. Mai 1896 durch die sogenannte Pariser Zusatzakte ergänzt. Der letzteren sind indessen nicht alle Verbandsstaaten beigetreten. Vielmehr ist für das Verhältnis zwischen Schweden, Norwegen und den übrigen Verbandsstaaten nur die ungeänderte Berner Übereinkunft in Geltung.

Gleichzeitig wurde auch die sogenannte Pariser Deklaration der Berner Übereinkunft hinzugefügt, die zwar nicht deren Wortlaut abändert, aber erklärende Zusätze zu diesem gibt. Auch sie wurde nicht von allen Verbandsstaaten anerkannt. Großbritannien erkennt wohl die Berner Übereinkunft und die Pariser Zusatzakte, aber nicht die Pariser Deklaration an. Dagegen haben Schweden und Norwegen zwar nicht die Pariser Zusatzakte, wohl aber die Deklaration angenommen.

Es gilt also ganz im allgemeinen die Berner Übereinkunft mit Pariser Zusatzakte und Deklaration, während für die drei genannten Staaten besondere Bestimmungen Geltung haben.

Wenn wir uns im folgenden den Text der Berner Übereinkunft ihrem Sinne nach vor Augen führen wollen, so wollen wir uns hierbei an die im allgemeinen angenommene Fassung halten. Diese ist zwischen Deutschland und folgenden Ländern in Kraft: Belgien, Dänemark, Frankreich, Haiti, Italien, Japan, Luxemburg, Monaco, Schweiz, Spanien und Tunis.

Nach diesen Bestimmungen bilden die Vertragsländer einen Verband zum Schutze des Urheberrechtes an Werken der Literatur und Kunst. Die einem der Verbandsländer angehörigen Urheber oder ihre Rechtsnachfolger genießen in den übrigen Ländern für ihre Werke, und zwar sowohl für die überhaupt nicht veröffentlichten, als auch für die in einem Verbandslande zum erstenmal veröffentlichten Werke diejenigen Rechte, welche die betreffenden Gesetze den inländischen Urhebern einräumen oder noch einräumen werden. Der Genuß dieser Rechte ist nur von der Erfüllung der Bedingungen und Förmlichkeiten abhängig, die durch die Gesetzgebung des Ursprungslandes vorgeschrieben sind. Er kann in den übrigen Ländern die Dauer des in dem Ursprungslande gewährten Schutzes nicht übersteigen. Die nachgelassenen Werke sind in den geschützten Werken einbegriffen.

Die Urheber, die keinem der Verbandsländer angehören, aber ihre Werke zuerst in einem Verbandslande erscheinen lassen, sollen hierfür den Schutz genießen, den die Übereinkunft den Angehörigen der Verbandsländer verleiht.

Unter Werken der Literatur und Kunst im Sinne dieser Übereinkunft werden Bücher, Broschüren und alle anderen Schriftwerke verstanden. Ferner gehören hierher dramatische und dramatisch-musikalische Werke, musikalische Kompositionen mit oder ohne Text, Werke der zeichnenden Kunst, der Malerei und der Bildhauerei, Stiche, Lithographien, Illustrationen, geographische Karten, Pläne aller Art, plastische Skizzen und Darstellungen. Überhaupt sollen alle Erzeugnisse aus dem Bereiche der Literatur, Wissenschaft und Kunst hier einbegriffen sein, die irgendwie veröffentlicht werden können.

Den Urhebern oder ihren Rechtsnachfolgern steht ausschließlich das Recht zu, ihre Werke zu übersetzen. Dies Recht erlischt jedoch, wenn der Urheber davon nicht innerhalb eines Zeitraumes von zehn Jahren in der Weise Gebrauch gemacht hat, daß er in einem Verbandslande eine Übersetzung in der Sprache, für die er den Schutz in Anspruch nimmt, selber veröffentlicht oder ihre Veröffentlichung veranlaßt hat.

Im übrigen werden rechtmäßige Übersetzungen wie Originalwerke geschützt, vorausgesetzt, daß es sich nicht um ein Werk handelt, dessen Übersetzung allgemein freisteht.

Der Schutz des Vertrages erstreckt sich auch auf Erzählungen in Zeitungen oder Zeitschriften, sowie auf alle sonstigen Artikel in derartigen Blättern, bei denen der Nachdruck ausdrücklich verboten ist. Fehlt ein derartiges Verbot, so muß die Quelle deutlich angegeben werden. Aufsätze politischen Inhaltes, Tagesneuigkeiten und sogenannte vermischte Nachrichten dürfen jedoch stets nachgedruckt werden.

Bezüglich der Befugnis, Auszüge oder Stücke aus Werken der Literatur und Kunst in Unterrichtsbücher und dergleichen aufzunehmen, sollen die Gesetzgebungen der einzelnen Staaten und etwa besonders abzuschließende Vorträge maßgebend sein.

Der Vertrag findet auch auf die öffentliche Aufführung dramatischer und dramatisch-musikalischer Werke Anwendung, gleichviel, ob sie veröffentlicht sind oder nicht. Ebenso gilt er für die öffentliche Aufführung von nicht veröffentlichten oder von solchen veröffentlichten musikalischen Werken, bei denen der Urheber ausdrücklich die öffentliche Aufführung untersagt hat.

Die sogenannten musikalischen Arrangements werden unter die unerlaubten Nachbildungsformen eingerechnet.

Jedes nachgedruckte oder nachgebildete Werk kann durch die zuständige Behörde desjenigen Verbandslandes beschlagnahmt werden, in dem das Originalwerk Schutz genießt. Außerdem bleiben die Bestimmungen der einzelnen Gesetzgebungen unberührt, wonach die Verbreitung, die Darstellung oder das Feilbieten eines jeden Werkes oder Erzeugnisses gestattet, überwacht oder untersagt wird, in Betreff dessen die zuständige Behörde ein solches Recht ausüben kann.

Als Bureau des Verbandes wird ein internationales Amt unter dem Namen Bureau des internationalen Verbandes zum Schutze an Werken der Literatur und Kunst errichtet, dessen Kosten von den Regierungen der Verbandsländer gemeinschaftlich getragen werden und das seinen Sitz in Bern hat.

Der Beitritt weiterer Länder zu dieser Übereinkunft kann jederzeit erfolgen. Wird die Übereinkunft von einzelnen Ländern gekündigt, so soll sie immer unter den übrigen Ländern weiter bestehen.

Ein Schlußprotokoll macht dann noch darauf aufmerksam, daß in denjenigen Verbandsländern, in denen nicht nur die architektonischen Pläne, sondern auch die architektonischen Werke selbst Schutz genießen, diese Werke mit unter den Schutz der vorliegenden Übereinkunft fallen. Das gleiche gilt von den photographischen Erzeugnissen, worin selbstverständlich auch solche Erzeugnisse einbegriffen sind, die durch ein der Photographie ähnliches Verfahren hergestellt werden. Insbesondere soll die mit Genehmigung des Berechtigten angefertigte Photographie eines geschützten Kunstwerkes den Schutz der Berner Übereinkunft so lange genießen, als das Recht zur Nachbildung des Originalwerkes dauert.

Weiter wurde noch bemerkt, daß dort, wo die Gesetzgebung auch die choreographischen Werke unter den Schutz stellt, der den dramatisch-musikalischen Werken gewährt wird, auch jenen die Vorteile der Berner Übereinkunft zugute kommen.

Die Herstellung und der Verkauf von Instrumenten, die zur mechanischen Wiedergabe von Musikstücken dienen, soll niemals den Tatbestand der Nachbildung musikalischer Werke bilden können.

In einem weiteren Vollziehungsprotokoll wurde schließlich noch festgestellt, welche Kolonien der vertragschließenden Länder gleichfalls an den Wohltaten der Berner Übereinkunft teilnehmen sollen.

Die Pariser Zusatzakte ist, wie bereits bemerkt, bei dieser Inhaltsangabe der Berner Übereinkunft schon berücksichtigt worden; es ist also nur noch nötig, die Pariser Deklaration hier mitzuteilen.

In dieser wurde zunächst festgesetzt, daß sowohl die Werke der eigentlichen Kunst, wie auch diejenigen der Photographie in den anderen Verbandsstaaten unbedingt geschützt sein sollten, wenn auch nur die im Heimatlande vorgeschriebenen Förmlichkeiten erfüllt wären.

Den Begriff der veröffentlichten Werke anlangend wurde ausgesprochen, daß hierunter nur solche Werke zu verstehen seien, die in einem der Verbandsländer herausgegeben sind, daß aber die Aufführung eines dramatischen oder musikalischen Werkes und die Ausstellung eines Kunstwerkes keine Veröffentlichungen seien.

Zu den unerlaubten Arten der Wiedergabe gehört, wie ferner ausgesprochen wurde, auch die Dramatisierung eines Romans und das umgekehrte Vorgehen. Diese letztere Bestimmung war der Punkt, an der die Zustimmung Großbritanniens zu der Pariser Deklaration scheiterte.

Wir kämen nunmehr zu den Verträgen, die Deutschland mit einzelnen Ländern geschlossen hat, und haben hier zunächst diejenigen zu besprechen, die zwischen Deutschland und Staaten der Berner Übereinkunft bestehen und die in ihrem Inhalt nicht wesentlich von dieser verschieden sind. Überhaupt sind ja auch nach deren Abschlusse weitere Verträge zwischen den einzelnen Unionsstaaten nur insoweit zulässig, als sie sich als eine Erweiterung der in dem Berner Vertrage gewährten Rechte darstellen.

Weit wichtiger sind dagegen diejenigen Verträge, die mit einzelnen, nicht der Union angehörigen Ländern geschlossen worden sind.

Um zunächst erstere Verträge zu besprechen, so sind hier diejenigen mit Frankreich vom 19. April 1883, mit Belgien vom 12. Dezember 1883 und mit Italien vom 20. Juni 1884 zu nennen, während die früher bestandenen Verträge mit der Schweiz und mit Großbritannien nicht wieder erneuert worden sind.

Alle diese drei Verträge stimmen fast wörtlich miteinander überein und weichen auch wenig von den Bestimmungen der Berner Übereinkunft ab. Insbesondere ist hier zu erwähnen, daß es in jedem dieser drei Verträge gegenseitig erlaubt ist, in einem der in Betracht kommenden Länder Auszüge oder ganze Stücke eines zum erstenmal in einem der anderen Länder erschienenen Werkes zu veröffentlichen, vorausgesetzt, daß diese Veröffentlichung ausschließlich für den Schulgebrauch bestimmt oder wissenschaftlicher Natur ist. Ebenso soll es erlaubt sein, Chrestomathien zu veröffentlichen, die aus Bruchstücken von Werken verschiedener Urheber zusammengesetzt sind, auch in diese kleinere Schriften ganz aufzunehmen. Jedoch muß jedesmal der Name des Urhebers oder die Quelle angegeben sein. Diese Erlaubnis findet indessen keine Anwendung auf die Aufnahme musikalischer Kompositionen in Sammlungen, die für Musikschulen bestimmt sind. Weiter sind in den Verträgen neben den Feuilletonromanen auch die Artikel über

Wissenschaft und Kunst gegen Nachdruck geschützt, die in Zeitungen oder Zeitschriften erscheinen.

Den Originalwerken werden die in einem der vertragschließenden Länder veranstalteten Übersetzungen ausdrücklich gleichgestellt, ohne daß, wie in der Berner Übereinkunft, verlangt wird, daß die betreffenden Übersetzungen an sich rechtmäßig seien. Jedoch genießt der Übersetzer nur Schutz für die von ihm selber gefertigte Übertragung.

Ferner enthalten die Verträge noch die Bestimmung, daß jeder weitergehende Vorteil oder Vorzug, der künftig in einem der betreffenden Länder einer anderen Macht eingeräumt wird, unter der Voraussetzung der Gegenseitigkeit auch zwischen den vertragschließenden Ländern ohne weiteres Geltung haben soll. Von dieser Bedingung hat, wie wir nachher sehen werden, Frankreich auf Grund des zwischen Deutschland und Amerika geschlossenen Vertrages Gebrauch gemacht.

Der einzige wichtigere Punkt, in dem die drei Verträge nicht übereinstimmen, ist der, daß in dem Vertrag mit Italien festgestellt ist, daß musikalische Werke nur dann den Schutz gegen unbefugte öffentliche Aufführung genießen, wenn der Urheber einen entsprechenden Vorbehalt in dem Werke selbst gemacht hat. Die Verträge mit Frankreich und Belgien verlangen einen derartigen Vorbehalt nicht, gehen also in dieser Beziehung in der Schutzgewährung weiter, als der Vertrag mit Italien und die Berner Übereinkunft.

Von den Verträgen mit Staaten, die außerhalb der Berner Übereinkunft stehen, ist zunächst derjenige mit Amerika vom 15. Januar 1892 zu nennen, ein Vertrag, der scheinbar auf vollkommener Gegenseitigkeit aufgebaut ist, in der Tat aber nur den amerikanischen, jedoch nicht den deutschen Urhebern Rechte gewährt. In diesem Vertrage wird kurz bestimmt, daß die Bürger der Vereinigten Staaten im Deutschen Reiche den Schutz des Urheberrechtes bezüglich der Werke der Literatur und Kunst, sowie den Schutz der Photographien gegen unbefugte Nachbildung auf denselben Grundlagen genießen sollen, wie die Reichsangehörigen. Dagegen sollen den Angehörigen des Deutschen Reiches in Amerika nur solche Bedingungen auferlegt werden, um den Schutz der dortigen Gesetzgebung zu genießen, wie auch den Amerikanern selbst.

Dieser Text gab vor Abschluß des Vertrages zu keinen Bedenken Veranlassung. Es stellte sich aber nachher heraus, daß die amerikanische Gesetzgebung verlangt, daß zur Geltendmachung des Schutzes spätestens am Tage der Veröffentlichung in Amerika oder im Auslande zwei Exemplare des betreffenden Werkes, oder wenn es sich um ein Gemälde oder ein sonstiges Werk der schönen Künste handelt, eine Photographie auf dem Kongreßbureau niedergelegt oder der amerikanischen Post zur Beförderung an dieses übergeben sein muß. Es wird jedoch hierbei vorausgesetzt, daß im Falle eines Buches, einer Photographie, eines Chromos oder einer Lithographie die beiden abzuliefernden Exemplare von innerhalb der Grenze der Vereinigten Staaten hergestelltem Satz oder mittels davon hergestellter Platten usw. gedruckt sein sollen.

Während nun die amerikanischen Urheber für den Schutz in Deutschland gar keine besonderen Bedingungen zu erfüllen haben, so muß der deutsche Urheber für den Schutz in Amerika sein Erzeugnis in diesem Lande nicht nur zuerst veröffentlichen, sondern auch herstellen lassen. Es ist offenbar, daß dies in der Regel ganz unmöglich ist, so daß die Bestimmungen des deutsch-amerikanischen Vertrages um so drückender für die deutschen Urheber sind, als gerade in Amerika eine sehr große Nachfrage nach deutschen Büchern besteht und demgemäß der Nachdruck unter dem Schein der gesetzlichen Berechtigung in dem allergrößten Umfange betrieben wird. Nur für die Verleger von Musikalien bietet das erwähnte Abkommen infolge der besonderen, hierfür geltenden Bestimmungen wirklich eine gewisse Gegenseitigkeit. Dies ist denn auch der einzige Grund, der mit Recht gegen dessen sonst in Deutschland allseitig geforderte Kündigung geltend gemacht werden kann.

Ein solcher Vertrag wurde nur dadurch möglich, daß die Unterhändler der deutschen Regierung angenommen hatten, die Amerikaner würden sich damit begnügen, wenn die beiden vorschriftsmäßig in Amerika herzustellenden und zu hinterlegenden Exemplare dort nur hinterlegt würden, und die Bestimmungen bezüglich des Ortes der Herstellung kämen für die deutschen Urheber nicht in Betracht.

Wie bereits angedeutet, hat außer den Vereinigten Staaten von Amerika auch noch Frankreich Vorteile aus diesem Übereinkommen abgeleitet, wenn allerdings auch hierbei Deutschland nicht leer ausgegangen ist. Es ist durch einen Notenwechsel zwischen dem Deutschen Auswärtigen Amte und der Botschaft der Französischen Republik vom 2. Juni / 13. Juli 1903 festgestellt, daß nach jenem Vertrage die Amerikaner in Deutschland alle Vorteile des Gesetzes vom 19. Juni 1901 genießen. Da nun dies Gesetz das Recht der Übersetzung von jeder Beschränkung befreit und andererseits zwischen Deutschland und Frankreich der Grundsatz der Meistbegünstigung auf dem Fuße der Gegenseitigkeit vertraglich festgelegt ist, so wurde darauf hingewiesen, daß unter diesen Umständen für die Angehörigen Frankreichs keine Verpflichtung mehr besteht, ein Werk innerhalb der seit der Veröffentlichung folgenden zehn Jahre übersetzen zu lassen, wenn sie in Deutschland den Schutz gegen unbefugte Übersetzung in Anspruch nehmen wollen. Das nämliche wurde bei dieser Gelegenheit auch umgekehrt den Angehörigen des Deutschen Reiches für die Geltung ihrer Rechte in Frankreich zugestanden.

Das Übereinkommen mit Österreich-Ungarn vom 30. Dezember 1899 gilt für die Beziehungen zwischen dem Deutschen Reiche einerseits, Österreich und Ungarn andererseits, jedoch mit Ausschluß von Bosnien und der Herzegowina.

Dabei besteht hier zwischen Österreich und Ungarn der wesentliche Unterschied, daß in dem Verhältnisse zwischen dem Deutschen Reich und Österreich der vertragsmäßige Schutz nur von der Erfüllung der Bedingungen und Förmlichkeiten abhängig ist, die durch die Gesetzgebung des Ursprungslandes vorgeschrieben sind. Dagegen ist in dem Verhältnisse zwischen dem Deutschen Reiche und Ungarn der vertragsmäßige Schutz davon abhängig, daß hinsichtlich der Bedingungen und Förmlichkeiten den Gesetzen und Vorschriften des anderen Teiles entsprochen worden ist, in dem der vertragsmäßige Schutz gewährt werden soll.

Während also das Verhältnis zu Österreich demjenigen entspricht, das innerhalb der Berner Union herrscht, so entspricht dasjenige mit Ungarn ungefähr demjenigen zwischen Deutschland und Amerika, nur daß nicht ein so starkes Mißverhältnis zwischen den beiderseitig gewährten Rechten besteht. Für deutsche Urheber ist hier wichtig, daß in Ungarn ein Vorbehalt bezüglich des Übersetzungsrechtes gemacht werden muß, und daß für musikalische Werke das gleiche bezüglich des Aufführungsrechtes verlangt wird. Ferner muß die Übersetzung seitens des Urhebers innerhalb eines Jahres seit dem Erscheinen des Originalwerkes begonnen und binnen drei Jahren beendigt worden sein. Der Beginn und die Beendigung der Übersetzung sind bei den ungarischen Behörden zur Registrierung anzumelden.

Im Verhältnis zu Österreich wird bestimmt, daß das ausschließliche Übersetzungsrecht keinesfalls länger als drei Jahre dauert.

Um nun schließlich noch einen kurzen Blick auf diejenigen Länder zu werfen, die mit Deutschland nicht durch Verträge bezüglich des Urheberrechtes an Werken der Literatur und Tonkunst verbunden sind, so ist zu bemerken, daß von diesen in Ägypten nach der Rechtsprechung durch die gemischten Gerichte ausländische Werke unbedingt, sogar ohne Nachweis der Gegenseitigkeit geschützt werden. Eine Anzahl anderer Staaten schützt ausländische Werke nur, wenn Gegenseitigkeit nachgewiesen wird. Zu diesen gehören von europäischen Staaten Portugal und Rumänien.

Eine weitere Gruppe von Staaten schützt ausländische Werke nur auf Grund besonderer Verträge. Dies gilt namentlich von den meisten amerikanischen Staaten. Von europäischen Ländern gehören die Niederlande hierher.

Schließlich gibt es noch eine Reihe von Staaten, die ausländischen Werken überhaupt keinen Schutz gewähren. Dahin gehören in Europa Rußland, die Türkei, Serbien und Bulgarien.

Gewerbliches Urheberrecht.

Grundlagen des Erfindungsschutzes.

Auf dem Gebiete des gewerblichen Urheberrechtes ist der Erfindungsschutz in erster Linie wichtig, wenn auch in Deutschland erst seit verhältnismäßig sehr kurzer Zeit gesetzlich allgemein anerkannt. Das erste hierher gehörige Gesetz überhaupt, abgesehen von gelegentlichen Privilegien, war das englische Patentgesetz von 1623. In Deutschland führten erst nach Gründung des deutschen Zollvereins einzelne Länder einen Patentschutz bei sich ein. Die Patentgesetze verschafften aber naturgemäß nur einen Schutz für das enge Gebiet der einzelnen Staaten, und da man überhaupt den Nutzen des Erfindungsrechtes lange nicht recht einsehen konnte, so wurden diese Gesetze meistens noch auf eine Weise gehandhabt, die wenig zu deren Benutzung einlud.

Unter diesen Umständen beginnt ein wirklicher Erfindungsschutz erst mit dem Erlaß des deutschen Patentgesetzes vom 25. Mai 1877. Dies Patentgesetz wurde in über Erwarten starkem Maße benutzt, so daß die früher zeitweilig herrschend gewesene Ansicht von Schädlichkeit des Patentschutzes bald verschwand. Indessen machten sich doch Mängel geltend, die wesentlich durch die Organisation des Patentamtes hervorgerufen waren. Denn da man dessen starke Inanspruchnahme nicht recht vorausgesehen hatte, so war es lediglich aus Mitgliedern im Nebenamt zusammengesetzt.

Es wurde deshalb schon am 7. April 1891 ein neues Patentgesetz erlassen, und dies zugleich durch das Gesetz zum Schutze der Gebrauchsmuster vom 1. Juni 1891 ergänzt.

Wir haben demgemäß in Deutschland die sonst nicht mehr anzutreffende Erscheinung, daß der Schutz von Erfindungen nach zwei verschiedenen Gesetzen geschieht, nämlich einmal nach dem Patentgesetz und sodann nach dem Gebrauchsmustergesetz.

Dabei ist der Name Gebrauchsmuster insofern irreführend, als er die Ansicht erwecken könnte, daß es sich hier lediglich um eine Art des Musterschutzes handele, die dem später zu besprechenden Geschmacksmusterschutz nebenzuordnen wäre, nicht aber um einen an die Seite des Patentschutzes zu setzenden Erfindungsschutz. Indessen liegt dieser Name in der Entstehungsgeschichte des Gesetzes begründet. Es wird deshalb gut sein, wenn wir auch auf diese einen Blick werfen.

Schöpfungen, die im Gebiete der Gewerbe Verwendung finden sollen, kennzeichnen sich entweder als Erfindungen, die irgend einem Gebrauchszwecke dienen sollen, oder als Formengebungen, die in erster Linie auf die Verschönerung des äußeren Ansehens der betreffenden Waren gerichtet sind, ohne daß diese an sich dadurch einen erhöhten Gebrauchswert erhalten.

Demgemäß unterscheidet man allgemein unter den zu schützenden, gewerblich verwertbaren neuen Schöpfungen die Erfindungen einerseits, die sogenannten Muster und Modelle, auch Geschmacksmuster genannt, andererseits.

Die Erfindung einer neuen Maschine zur Herstellung von Geweben fällt demnach in das Gebiet des Erfindungsschutzes. Hierher gehört auch z. B. die Erfindung eines neuen Verfahrens, Gewebe zu erzeugen.

Dagegen gehören neue Musterungen oder Zeichnungen von Geweben in das Gebiet der sogenannten Muster und Modelle, ein Gebiet, das wiederum nahe verwandt mit demjenigen der bildenden Kunst ist. Denn die neuen Gewebemuster können bei besonders reicher und geschmackvoller Ausführung leicht zu wirklichen Kunstwerken werden, wie es z. B. mit sogenannten Gobelins der Fall ist.

Nun gibt es aber, um bei dem gewählten Beispiel der Weberei zu bleiben, auch noch Erzeugnisse, die sich weder als eigentliche Erfindungen im engsten Sinne dieses Wortes, noch als wirkliche Muster, gleichfalls im engsten Sinne dieses Wortes, kennzeichnen.

Nehmen wir z. B. eine neue Art von Gewebe an, die nicht nach einem von den bisher bekannten Arten der Weberei so sehr verschiedenen Verfahren hergestellt wird, daß ihre Neuschöpfung sich geradezu als eine Erfindung darstellt, die aber der Anordnung der Fäden nach für den Gebrauchszweck des Gewebes, z. B. für die Verwendung als Filtertuch, doch gewisse Vorteilte bietet, so haben wir ein sogenanntes Gebrauchsmuster, d. h. ein Erzeugnis, das durch die Praxis des Patentamtes vom Patentschutze, durch sein Wesen vom Musterschutze ausgeschlossen war.

Diese Gebrauchsmuster machten gerade der deutschen Praxis recht viele Schwierigkeiten, weil man dazu gelangt war, in Deutschland recht strenge Anforderungen an den Begriff einer patentfähigen Erfindung zu stellen. Während nämlich diese Gebrauchsmuster im Auslande ganz allgemein unter den Begriff einer patentfähigen Erfindung fielen, so sah man sich demnach in Deutschland veranlaßt, für sie das Gebrauchsmustergesetz zu schaffen. Dies Gesetz hat dann mit der Zeit eine etwas andere Bedeutung bekommen, als man sie ihm ursprünglich geben wollte. Es rückte immer mehr von der Seite des Musterschutzgesetzes an diejenige des Patentgesetzes.

Unter diesen Umständen ist es denn auch empfehlenswert, den Gebrauchsmusterschutz in engster Verbindung mit dem Patentschutze zu besprechen, um so mehr, als in sehr zahlreichen Fällen für denselben Gegenstand gleichzeitig sowohl Patent- wie Gebrauchsmusterschutz beantragt und auch gewährt wird, ein Verfahren, dessen Zulässigkeit ausdrücklich vom Patentamte anerkannt ist. So z. B. ist es zulässig, sogenannte Eventualanmeldungen zum Gebrauchsmusterschutz zu machen, wonach die Anmeldung nur dann weiter behandelt und eingetragen werden soll, wenn eine gleichzeitige Anmeldung des nämlichen Gegenstandes zum Patent ohne Erfolg geblieben ist.

Zunächst wird es hier nötig sein, einige allgemeine Begriffe zu erklären, die nicht nur nach dem Wortlaute des Patentgesetzes, sondern in der Praxis beider hier in Betracht kommender Gesetze eine große Rolle spielen. In erster Linie gilt dies von dem Begriff einer Erfindung.

Was eine Erfindung ist, sagt das deutsche Patentgesetz nicht; es bestimmt nur, daß Patente erteilt werden sollen für solche Erfindungen, die neu sind und die eine gewerbliche Verwertung gestatten.

Es sind zahlreiche Begriffsbestimmungen für das Wort Erfindung aufgestellt worden, von denen sich jedoch keine allgemein hat einbürgern können, und die zum größten Teile daran kranken, daß sie den Begriff einer Erfindung mit demjenigen der patentfähigen Erfindung verwechseln. Wenn man mit Erfindung im allgemeinen jede Angabe eines dem Angebenden neuen Mittels bezeichnet, irgend einen Zweck zu erreichen, so dürfte hiermit dem Worte Erfindung der weiteste Inhalt gegeben sein, den es im Sprachgebrauche hat. Es ist nicht zu vergessen, daß man z. B. von der Erfindung dramatischer Personen, von böswilligen Erfindungen zum Nachteile anderer usw. spricht. Um derartige Erfindungen von der Patentierung auszuschließen, sagt das Patentgesetz, daß die patentfähige Erfindung gewerblich verwertbar sein soll, wobei das Wort verwertbar offenbar tonlos bleiben, das Wort gewerblich aber den hier in Betracht kommenden Umstand bezeichnen soll.

Weiter wird von der Erfindung noch zur Patentfähigkeit verlangt, daß sie neu ist. Die meisten Erfindungen erweisen sich nämlich bei näherer Prüfung als nicht neu, da die Erfinder meistens zwar einen für sie selber neuen Gedanken haben, dieser jedoch in der Regel längst irgendwo verwirklicht oder mindestens ausgesprochen worden ist.

Dabei ist es jedoch eine schwierige Frage, zu entscheiden, welche Umstände als neuheitsschädlich wirklich in Betracht kommen sollen. In dieser Beziehung gibt das Patentgesetz die Anweisung, daß solche Erfindungen nicht als neu gelten sollen, die zur Zeit der auf Grund des Patentgesetzes erfolgten Anmeldung bereits in öffentlichen Druckschriften der letzten hundert Jahre derart beschrieben, oder die im Inlande bereits so offenkundig benutzt sind, daß danach die Benutzung durch andere Sachverständige möglich erscheint.

Diese Vorschrift gibt eine bindende Anweisung für die Prüfung zur Patentierung angemeldeter Erfindungen, indem sie den Begriff des Neuen gegenüber dem sehr schwankenden gewöhnlichen Sprachgebrauch fest bestimmt.

Zunächst genügt es zur Patentierung nicht, daß die Erfindung dem Anmeldenden persönlich neu war. Es genügt nicht einmal der Umstand, daß sie sozusagen der ganzen Welt tatsächlich etwas Neues bringt. Zum Vergleiche mit der neuen Erfindung werden vielmehr auch die sämtlichen in den letzten hundert Jahren erschienenen öffentlichen Druckschriften herangezogen, gleichgültig, ob deren Inhalt irgend einem Sachverständigen gegenwärtig noch bekannt ist oder nicht, ja gleichgültig, ob der Inhalt dieser Druckschriften überhaupt wirklich einmal einem größeren Kreise von Personen bekannt geworden ist.

Wenn also z. B. jemand vor achtzig Jahren den nämlichen Gedanken schon gehabt und diesen in irgend einer Zeitschrift niedergelegt hat, wenn aber weiter diese Mitteilung dann ganz unbeachtet geblieben ist, so ist die Erfindung selbst dann nicht mehr neu, wenn auch der jetzige Erfinder von dieser früheren Veröffentlichung niemals etwas erfahren hat. Es genügt, daß sich die betreffende Stelle nach den Literaturverzeichnissen des Kaiserlichen Patentamtes auffinden läßt, oder daß sie von irgend einem Einsprechenden aufgefunden wird, der nach Material zur Bekämpfung des Patentes sucht, um dessen Erteilung zu vereiteln, oder um seine Nichtigkeitserklärung herbeizuführen.

Leider muß gesagt werden, daß dies eine sehr gefährliche Klippe ist, an der die Patentierung mancher, sonst wirklich einwandsfreier Erfindung scheitert, ganz abgesehen von den Fällen, in denen die in Anspruch genommene Neuheit ganz offenbar nicht vorhanden war, etwa weil der Erfinder neuerdings veröffentlichte Erfahrungen nicht beachtet hatte.

Was die Neuheit der Gebrauchsmuster anbetrifft, so ist hier zu bemerken, daß die für die Patente geltende Beschränkung bei der Berücksichtigung älterer Druckschriften auf die letzten hundert Jahre im Gebrauchsmustergesetz nicht enthalten ist. Ob und inwiefern das Fehlen dieser Bestimmung eine praktische Bedeutung besitzt, läßt sich nur schwer beurteilen. Dies ist um so mehr der Fall, als nicht einmal feststeht, ob dieser Unterschied in der Fassung beider Gesetze seinerzeit mit irgend einer bestimmten Absicht gemacht worden ist.

Das zweite Erfordernis der Neuheit ist das Fehlen einer offenkundigen Vorbenutzung. Die Erfindung darf innerhalb des Deutschen Reiches nicht so benutzt worden sein, daß danach die Benutzung durch andere Sachverständige möglich erscheint. Auch diese Bestimmung ist für den Erfinder oftmals recht drückend, da sie gleichfalls den Begriff der Neuheit gegenüber dem allgemeinen Sprachgebrauch erheblich erweitert. Eine Erfindung, die z. B. vor ihrer Patentanmeldung öffentlicht erprobt worden ist, um sich zu überzeugen, ob die Sache überhaupt geht, verliert hierdurch schon die Eigenschaft der gesetzmäßigen Neuheit.

Es sei ausdrücklich darauf aufmerksam gemacht, daß das Erfordernis der Neuheit mit Bezug auf öffentliche Druckschriften und auf offenkundige Vorbenutzung auch gegenüber solchen Veröffentlichungen der Erfindung Platz greift, die durch den Anmelder selber gemacht worden sind. Es ist nicht nur patenthindernd, wenn eine früher unabhängig von dem jetzigen Anmelder gemachte Erfindung des gleichen Inhaltes vorhanden ist, sondern auch der Anmelder selber darf seine Erfindung nicht irgendwie bekannt werden lassen, ehe er sie zum Patent angemeldet hat. Dies gilt sogar dann, wenn diese Bekanntgabe gegen den Willen des Erfinders erfolgt ist, wenn also z. B. jemand die Erfindung ungerechtfertigter Weise der Öffentlichkeit übergeben hat. Eine Bestimmung fehlt im Patentgesetz, wonach etwa wie bei Werken der Literatur und Tonkunst nur eine solche Veröffentlichung (der gleichen Erfindung im engsten Sinne des Wortes) als vorhanden angesehen wird, die durch den Berechtigten selber erfolgt ist.

Dagegen werden bloße Vorträge über eine Erfindung oder handschriftliche Mitteilungen darüber nicht als neuheitsschädlich angesehen, sofern sie weder eine öffentliche Benutzung, noch eine Beschreibung in öffentlichen Druckschriften in sich schließen oder zur Folge haben. In dieser Beziehung ist der Begriff der gesetzmäßigen Neuheit enger, als es dem Sprachgebrauche entspricht.

Eine weitere Ausnahme zugunsten des Erfinders besteht darin, daß auf Grund der später noch zu besprechenden Staatsverträge Patentanmeldungen aus gewissen ausländischen Staaten ein Jahr lang so angesehen werden, als ob die Erfindung mit dem gleichen Datum wie im Auslande auch im Deutschen Reiche angemeldet worden wäre. Natürlich genießen auch umgekehrt solche Anmelder im Auslande eine entsprechende Vergünstigung, die ihre Erfindung zuerst im Deutschen Reiche angemeldet haben.

Hierbei erhält die spätere Anmeldung zwar die sogenannte Priorität der betreffenden erst eingereichten ausländischen Anmeldung, so daß spätere Anmeldungen oder Veröffentlichungen des gleichen Inhaltes ihr nicht mehr schädlich werden; der Beginn der Patentdauer wird aber (außer in Großbritannien) nicht von dem Prioritätsdatum, sondern von dem Tage der Anmeldung in dem anderen

Lande ab gerechnet. Hierdurch genießen dann derartige Anmeldungen in gewisser Beziehung eine längere Schutzdauer, als zuerst in Deutschland oder dem betreffenden anderen Lande selbst angemeldete Erfindungen. Es sei ausdrücklich bemerkt, daß die erste Anmeldung nicht im Heimatlande des Anmelders eingereicht werden muß, sondern in jedem beliebigen Staate bewirkt werden kann, für den die betreffenden Verträge gelten.

Bei den hieraus sich ergebenden eigenartigen Verhältnissen ist auch der Fall möglich, daß ein Patent auf eine Anmeldung erteilt werden muß, obschon für die nämliche Anmeldung bereits ein anderes Patent besteht, z. B. in dem Falle, daß eine Erfindung am 1. Januar eines Jahres in Frankreich eingereicht worden wäre, und daß von anderer Seite und unabhängig von dieser Anmeldung eine Erfindung des nämlichen Inhaltes etwa am 1. Februar in Deutschland angemeldet wäre. Wird nun auf letztere Erfindung beispielsweise am 1. November ein Patent erteilt, dann aber auf Grund der ersterwähnten französischen Anmeldung von dem Inhaber der letzteren am 1. Dezember gleichfalls eine deutsche Anmeldung eingereicht, so muß auch auf diese ein Patent erteilt werden, da ihre Priorität derjenigen der deutschen Anmeldung vom 1. Februar vorgeht. Allerdings könnte dann der Inhaber des Patentes mit der älteren Priorität später die Nichtigkeitserklärung des Patentes mit dem für Deutschland älteren Anmeldedatum beantragen, wie später noch dargelegt werden wird.

Von den weiteren Erfordernissen einer patentfähigen Erfindung ist nunmehr zunächst die gewerbliche Verwertbarkeit zu nennen. Es wird verlangt, daß die Verwertung einer Erfindung in gewerblicher Beziehung möglich ist. Dies setzt zuerst voraus, daß eine Verwertung der Erfindung überhaupt stattfinden kann, daß somit die Erfindung ausführbar ist. Eine nicht ausführbare Erfindung stellt ja auch schließlich gar keine Erfindung dar, indem sie niemals den Weg zu irgend einem Ziele bildet. Freilich wird es sich in der Tat oft sehr schwer entscheiden lassen, ob eine Erfindung ausführbar ist oder nicht. Dies ist oft erst nach jahrelangen Versuchen zu ermitteln, namentlich wenn die zur Durchführung der Erfindung nötigen Vorbereitungen sehr umfangreicher Art sind oder zu ihrer Inbetriebsetzung große Geldmittel oder lange Vorstudien erfordern.

Die Verwertungsmöglichkeit der Erfindung kann aber weiter noch davon abhängig gemacht werden, ob die Erfindung in wirtschaftlicher Beziehung einen Vorteil bildet, indem eine Erfindung zwar sehr wohl ausführbar sein kann, ohne doch des Kostenpunktes wegen mit anderen Verfahren oder Einrichtungen in Wettbewerb treten zu können. Dies ist indessen ein Punkt, der je nachdem in kurzer Zeit sich außerordentlich verschieden gestalten kann und der deshalb ausschließlich aus praktischer Erfahrung heraus zu beantworten ist. Deshalb schreibt z. B. auch das österreichische Patentgesetz zweckmäßig vor, daß der wirtschaftliche Wert einer Erfindung bei der Prüfung durch das Patentamt keiner irgendwie gearteten Beurteilung unterworfen werden darf.

Hiermit hängt aufs engste die Forderung zusammen, daß die Erfindung einen Fortschritt gegen bisher bekannte Verfahren bilden soll. Auch dieser Begriff ist je nach den Umständen schwankend. Ein Verfahren, das heute einen Fortschritt bildet, kann dies unter anderen Verhältnissen morgen nicht mehr tun, oder sogar auch umgekehrt. Es dürfte deshalb die Erfindung auch nicht danach beurteilt werden, ob sie gegenüber bisher bekannten Verfahren oder Einrichtungen einen technischen Fortschritt darstellt. Jedoch wird in der Praxis des deutschen Patentamtes auf den

Nachweis eines solchen Fortschrittes ein ziemlicher Wert gelegt.

Wir kommen nunmehr zu der Untersuchung des Wortes gewerblich im engsten Sinne. In dieser Beziehung huldigen Theorie und Praxis der maßgebenden Schriftsteller und des Patentamtes, wie auch das Reichsgericht der Ansicht, daß gewerblich verwertbar nur eine Erfindung sei, deren Verwertung bei der Be- oder Verarbeitung von Rohstoffen stattfinde. An diesen Punkt haben sich ausgedehnte Erörterungen angeknüpft. Es wäre zu weitläufig, hier die Ansichten der verschiedenen Schriftsteller, des Patentamtes und des Reichsgerichtes einzeln auseinanderzusetzen, zumal sich diese auch mit der Zeit erheblich geändert haben.

Ganz allgemein sind die genannten Kreise darüber einig, daß Erfindungen nicht patentfähig seien, die lediglich in der Angabe von Vorschriften zur Ausführung geistiger Arbeit, in Verfahren zur Reklame und in dergleichen Maßnahmen bestehen. So z. B. seien nicht patentfähig stenographische Systeme, die Einrichtung eines Adreßbuches oder eines Fahrplanes, oder diejenige von Geschäftsbüchern, Systeme zur Etikettierung oder zur Kontrolle, Finanzsysteme, Erziehungsgrundsätze und dergleichen.

Wenngleich von den hier genannten Maßnahmen viele auch außerhalb der genannten wissenschaftlichen und juristischen Kreise als nicht patentfähig gelten, so ist man doch in gewerblichen Kreisen immer mehr zu der Ansicht gelangt, wenigstens diejenigen Verfahren und Einrichtungsweisen für patentfähig oder wenigstens für gebrauchsmusterschutzfähig zu halten, die durch eine körperliche Unterlage sich verwirklichen lassen. So z. B. besteht ein starkes Bedürfnis, einen Schutz für die Einrichtung von Adreßbüchern, von Fahrplänen, von Vordrucken usw. zu erhalten, um so mehr, als auch der den Werken der Literatur gewährte Schutz hier versagt. Dies tatsächlich nun einmal vorhandene Schutzbedürfnis ist bis jetzt in der Regel wenigstens scheinbar dadurch befriedigt worden, daß man die betreffenden Erfindungen oder Anordnungen zum Gebrauchsmusterschutz angemeldet hat, bei dem ja eine vorherige Prüfung auf Schutzfähigkeit nicht vorgeschrieben ist. Man ist eben durchaus nicht geneigt, zuzugeben, daß die genannten Gegenstände nicht gewerblich verwertbar seien.

Als zweite Gruppe der Erfindungen, die mitunter als nicht gewerblich verwertbar erklärt werden, kommen, wie schon angedeutet, diejenigen in Betracht, die sich nicht auf die Be- und Verarbeitung anorganischer Stoffe, sondern entweder auf die Gewinnung solcher Stoffe oder auf die Behandlung lebender Wesen erstrecken, sei es auf diejenige des menschlichen Körpers oder auf das Gebiet der Tier- oder Pflanzenzucht. Aus diesem Grunde sollen die Erfindungen aus dem Gebiete der Landwirtschaft, der Jagd, der Fischerei oder des Bergbaues, ferner auch diejenigen bezüglich der Behandlung des menschlichen Körpers von der Patentierung ausgeschlossen sein. Das Patentamt neigte sich hier ursprünglich zu der engeren Anschauung, hat diese aber, wenn sie überhaupt jemals herrschend war, bald wieder verlassen, wie sich dies auch in zahlreichen Patenterteilungen zeigt. Nur solche Verfahren (nicht Vorrichtungen), die zur Behandlung des menschlichen Körpers dienen, bleiben hierbei ausgeschlossen, da sie auch nicht im weiteren Sinne unter den Begriff des gewerblichen fallen.

Übrigens wird auch in dem Schlußprotokoll der später noch ausführlicher zu besprechenden Pariser Übereinkunft gesagt, daß die Worte gewerbliches Eigentum — oder wie wir sagen, gewerbliches Urheberrecht — in ihrer weitesten Bedeutung derart verstanden werden sollen, daß sie auch auf die Erzeugnisse des Ackerbaues und der Viehzucht wie auf die in den Handel gebrachten mineralischen Erzeugnisse Anwendung finden.

Wir haben nunmehr die Anforderungen betrachtet, die man an eine patentfähige Erfindung stellt, und kommen danach zu dem eigentlichen Kern des Erfindungsbegriffes, nämlich zu der Forderung, daß die zu schützende Erfindung eigenartig sein, oder wie man es auch auszudrücken pflegt, einen gewissen Erfindungsgedanken aufweisen soll.

Diese Forderung der Eigenartigkeit ist wohl von derjenigen der Neuheit zu unterscheiden. Die Neuheit besteht darin, daß die Erfindung als solche, also genau in der ihr von dem Erfinder gegebenen Form, noch nicht von diesem selber oder anderweitig bereits bekannt gegeben ist. Die Eigenartigkeit besteht darin, daß die Erfindung von anderen Verfahren oder Vorrichtungen hinlänglich verschieden sei, um sie als eine selbständige Maßnahme erscheinen zu lassen.

Während also die Neuheit ein im Vergleich mit anderen Maßnahmen leicht festzustellendes Merkmal ist, so ist die Eigenartigkeit oft sehr schwer zu bejahen oder zu verneinen. Es hängt hier viel von der persönlichen Ansicht des Beurteilenden ab.

Den Gegensatz zu der für die wirkliche Erfindung geforderten Eigenartigkeit bildet die bloße technische Maßnahme oder Konstruktion, von der man sagt, daß sie nicht aus dem Rahmen desjenigen herausfalle, was ein jeder Fachmann nach den der Allgemeinheit zur Verfügung stehenden Erfahrungen auch ohne besonderes Nachdenken habe ausführen können. Man spricht hier von technischen und handwerksmäßigen Gepflogenheiten, die es mit sich brächten, daß die allgemein gebräuchlichen Verfahren und Apparate den Umständen nach entsprechend abgeändert zu werden pflegten, ohne daß die Abänderung eines besonderen Schutzes bedürfte, weil sie zu machen keine größere geistige Anstrengung erforderte.

Hierher gehört auch der Begriff der sogenannten chemischen oder technischen Äquivalente. Man spricht von deren Anwendung, wenn an sich bekannte Verfahren oder Einrichtungen durch den Ersatz einzelner Teile mittels anderer ähnlicher Teile nur so weit abgeändert werden, daß nichts wesentlich Neues entsteht.

Allen diesen Maßnahmen gegenüber soll die wahre Erfindung den Begriff einer Überraschung oder eines sogenannten Geistesblitzes aufweisen.

Der Unterschied zwischen Erfindung und einer bloßen Neuerung anderer Art ist besonders dann schwierig zu beurteilen, wenn ein Patent nach einer Reihe von Jahren wegen angeblichen Mangels eines Erfindungsgedankens angegriffen wird, da man dann vielfach geneigt ist, die ursprünglich als sehr überraschend erschienene Erfindung nunmehr als etwas Selbstverständliches anzusehen.

Dies ganze Zwischengebiet zwischen einer Erfindung im strengsten Sinne des Wortes und einer bloßen neuen Gestaltung oder Anordnung ist nun weiter der Grund, auf dem später das Gebrauchsmustergesetz aufgebaut worden ist.

Wir wären hiermit wieder bei dem Unterschied zwischen patentfähiger und gebrauchsmusterschutzfähiger Erfindung angelangt. Dieser Unterschied besteht in der Praxis, wie sie sich allmählich herausgebildet hat, eben darin, daß an die Eigenartigkeit der Erfindung, für die ein Gebrauchsmusterschutz beansprucht wird, keine so großen Anforderungen gestellt werden, als an die einer patentfähigen Erfindung. Unter diesen Umständen ist das Gebrauchsmuster schließlich auch nichts weiter als ein Erfindungspatent, und zwar ein solches ohne Vorprüfung, ein sogenanntes Anmeldungspatent, ähnlich wie solche in vielen Staaten ganz ausschließlich bestehen. Es wird deshalb im Auslande auch vielfach kleines Patent genannt.

Beide Gesetze, das Patentgesetz wie das Gebrauchsmustergesetz, enthalten nun, auch abgesehen von den Erwägungen, was eine Erfindung im Sinne des Gesetzes ist oder nicht, noch verschiedene Angaben darüber, daß eine Reihe von Erfindungen vom Schutze ausgeschlossen sein soll.

In dieser Hinsicht bestimmt das Patentgesetz zunächst, daß ausgenommen sein sollen Erfindungen, deren Verwertung den Gesetzen oder guten Sitten zuwiderlaufen würde. Diese Ausnahme ist in der allgemeinen Erwägung begründet, daß Bestrebungen überhaupt nicht gesetzlichen Schutz finden dürfen, die mit den guten Sitten oder mit den Staatsgesetzen in Widerspruch stehen.

Die zweite Ausnahme besteht darin, daß Erfindungen von Nahrungs-, Genuß- und Arzneimitteln, sowie von solchen Stoffen von der Patentierung ausgeschlossen sind, die auf chemischem Wege hergestellt werden, soweit die Erfindungen nicht ein bestimmtes Verfahren zur Herstellung der Gegenstände betreffen.

Diese zweite Ausnahme ist nur scheinbar eine solche. Sie ist wesentlich nur deshalb in das Gesetz aufgenommen, um Auslegungszweifel über diesen Punkt unmöglich zu machen. Denn in der Tat sind Nahrungsmittel, Chemikalien usw. keine Erfindungen. Die Angabe neuer derartiger Stoffe stellt sich vielmehr nur als eine Entdeckung auf chemischem oder medizinischem Gebiete dar. Eine Erfindung wird daraus erst, wenn ein bestimmter neuer Weg zur Herstellung der in Rede stehenden Stoffe angegeben wird. Andere Patentgesetze, insbesondere das amerikanische, gestatten dagegen auch die Erteilung von Patenten auf neue Stoffe, sprechen dann aber ganz allgemein auch von patentfähigen Entdeckungen.

Größer ist der Kreis derjenigen Erfindungen, die von dem Schutze des Gebrauchsmustergesetzes ausgeschlossen sind.

Diese Tatsache hängt, wie schon angedeutet, eng mit der Entstehungsgeschichte des Gesetzes zusammen. Danach werden als Gebrauchsmuster nur geschützt Modelle von Arbeitsgerätschaften oder Gebrauchsgegenständen oder von Teilen derselben, insoweit sie dem Arbeits- oder Gebrauchszweck durch eine neue Gestaltung, Anordnung oder Vorrichtung dienen sollen.

Was demnach hier unbedingt von dem Schutze ausgeschlossen ist, sind Verfahren jeder Art, da sich diese niemals als Gegenstände kennzeichnen. Ferner sind auch ausgeschlossen Baukonstruktionen und dergleichen, sofern sich diese nicht nur als bloße Formgebungen für Bausteine oder andere Baubedarfsartikel erweisen.

Ob Maschinen unter den Schutz des Gebrauchsmustergesetzes fallen, ist zweifelhaft. Das Reichsgericht hat in dieser Beziehung ausgesprochen, daß wenigstens größere, aus vielen Teilen zusammengesetzte Maschinen nicht unter das Gesetz fallen, weil sie nicht mehr als Arbeitsgerätschaften anerkannt werden könnten. Dagegen gehen die Wünsche der Industrie um so mehr darauf, auch Maschinen jeder Art unter den Schutz des Gesetzes zu stellen, als überhaupt eine Grenze sich hier weder praktisch noch theoretisch gut ziehen läßt.

Ebenso ist es zweifelhaft, ob der Gebrauchsmusterschutz nur für Erzeugnisse gewährt werden soll, deren Abmessungen sich gleichmäßig nach allen drei Richtungen des Raumes erstrecken, oder ob solche Gebilde davon ausgeschlossen sein sollen, die wesentlich nur in zwei Richtungen des Raumes liegen, also sogenannte Flächenerzeugnisse. Die Praxis in der Handhabung des Gesetzes neigt sich mehr ersterer, das Bedürfnis der Industrie mehr letzterer Anschauung zu.

Die Frage, ob Maßnahmen gebrauchsmusterschutzfähig seien, die nur in der Anwendung eines neuen Stoffes zur

Herstellung an sich schon bekannter Formen bestehen, wurde früher verneint, wird jetzt aber bejaht. Durch diesen Umstand namentlich hat sich der Schutz des Gebrauchsmustergesetzes sehr weit über das ursprünglich ihm zugedachte Gebiet hinaus ausgedehnt.

Es sei darauf verwiesen, daß das deutsche Gebrauchsmustergesetz mit dem schweizerischen Patentgesetz eine sehr große Ähnlichkeit besitzt, insofern in der Schweiz alle Erfindungen von der Patentierung ausgeschlossen sind, die sich nicht durch Modelle veranschaulichen lassen. Diese Lücke des schweizerischen Patentrechtes wird allerdings voraussichtlich in Kürze ausgefüllt werden.

Es wäre nunmehr die Frage zu erörtern, wer auf den Schutz einer Erfindung Anspruch hat. In dieser Beziehung besteht, wenigstens in dem deutschen Gesetze, ein grundlegender Unterschied zwischen dem Urheberrecht an Werken der Literatur und Kunst und zwischen demjenigen an Erfindungen. Während für ein Schriftwerk usw. der Urheberschutz in erster Linie dem Urheber zugute kommt, so enthält weder das Patentgesetz noch das Gebrauchsmustergesetz eine Bemerkung darüber, wem ein Patent oder Gebrauchsmuster erteilt werden soll. Es ist hiermit dem Umstande Rechnung getragen, daß die Verhältnisse auf dem Gebiete der Literatur und Kunst viel einfacher und übersichtlicher liegen als auf demjenigen der gewerblich verwertbaren Schöpfungen. Während ein Buch, ein Gemälde usw. ihren Wert wesentlich in sich selbst tragen, so erfordert eine Erfindung noch so viel weitere Arbeit zu ihrer gewerblichen Nutzbarmachung, daß neben den Rechten des Erfinders auch diejenigen des Fabrikanten zu berücksichtigen sind, in dessen Fabrik die Erfindung gemacht ist, oder der die Ausführung davon übernimmt.

Das deutsche Patentgesetz hat deshalb alle diese sehr schwierigen Verhältnisse einfach nicht berücksichtigt. Die

Frage, ob diese Lösung gerade glücklich ist, kann hier unerörtert bleiben; es genügt, darauf hinzuweisen, daß andere Gesetzgebungen andere Bestimmungen haben. Namentlich ist hier Amerika zu nennen, das das Patent ausdrücklich dem Erfinder zu erteilen vorschreibt, allerdings mit der Maßgabe, daß in der Patenturkunde neben dem Erfinder auch die Person oder Firma namhaft gemacht werden kann, der dieser die Nutzung des Patentes übertragen hat.

Demgegenüber spricht das deutsche Patentgesetz und ebenso auch das Gebrauchsmustergesetz allein dem Anmelder das Recht aus der Anmeldung zu, vorausgesetzt, daß er auf rechtmäßige Weise in den Besitz der Erfindung gelangt ist. Ist dies nicht der Fall, so hat derjenige, dem die Erfindung unrechtmäßigerweise entnommen worden ist, ein Recht, je nachdem die Erteilung des Patentes zu verhindern, dieses für nichtig erklären zu lassen oder die daraus herfließenden Rechte für sich in Anspruch zu nehmen. Dabei wird das Wort „entnommen“ von der Rechtsprechung im allerweitesten Sinne ausgelegt, so daß auch das bloße Vorenthalten einer dem Kläger niemals bekannt gewesenen Erfindung darunter fällt. Hat z. B. ein Erfinder irgendwie die Verpflichtung übernommen, seine Erfindungen einer bestimmten Fabrik zur Verfügung zu stellen, und meldet er trotzdem eine solche zum Patent an, so kann diese Fabrik die Erfindung für sich in Anspruch nehmen und die Erteilung des Patentes auf ihren alleinigen Namen beanspruchen. Dies wird namentlich wichtig für das Verhältnis zwischen angestellten Erfindern und ihren Arbeitgebern.

Aus diesen Umständen folgt, daß in Deutschland das Patent auf den Namen jedes beliebigen Anmelders erteilt wird, auch wenn dieser gar nicht eine physische Person, sondern etwa eine Aktiengesellschaft, eine Handelsfirma oder dergleichen ist. Derartige juristische Personen können natürlich in Wirklichkeit niemals Erfinder sein, da die Erfindung als geistige Schöpfung nur der Ausfluß einer Persönlichkeit sein kann. Damit steht nicht im Widerspruch, daß eine Erfindung von mehreren Personen gemeinschaftlich derart gemacht ist, daß ihre Anteile sich nicht trennen lassen, ein Fall, der in dem Gesetze zum Schutz des literarischen Urheberrechtes dahin geregelt ist, daß dann unter den Urhebern eine Gemeinschaft nach Bruchteilen des Ganzen bestehen soll. Unter derartige Erfindungen gehören auch die sogenannten Etablissementserfindungen, bei denen keineswegs ein sogenanntes Etablissement, sondern eine Anzahl von Persönlichkeiten als gemeinschaftliche Erfinder anzusehen sind.

Ein besonderer Fall ist hier der, wenn eine Erfindung zur Zeit der Anmeldung beim Patentamte bereits durch einen anderen, unabhängig vom Anmelder, im Inlande in Benutzung genommen worden war, oder wenn wenigstens die zur Benutzung erforderlichen Vorrichtungen getroffen waren. In diesem Falle ist auch diese andere Person, der sogenannte rechtmäßige Vorbenutzer, befugt, die Erfindung für die Bedürfnisse seines eigenen Betriebes in eigenen oder fremden Werkstätten auszunutzen. Diese Befugnis kann nur zusammen mit dem Betriebe vererbt oder veräußert werden.

Eine derartige Befugnis fehlt übrigens im Gebrauchsmustergesetz, weshalb es strittig ist, ob man hier die Vorschriften des Patentgesetzes sinngemäß anwenden oder ein Vorbenutzungsrecht überhaupt nicht anerkennen soll. Das Reichsgericht hat diese Frage noch nicht entschieden. Auch die beiden folgenden Bestimmungen sind im Gebrauchsmusterschutzgesetz nicht enthalten. Man darf annehmen, daß die erste davon, weil sie nur Ausnahmefälle betrifft, nicht auf Gebrauchsmuster anzuwenden ist, während die zweite, die wohl nur etwas Selbstverständliches ausspricht, jedenfalls Anwendung finden dürfte.

Zunächst tritt nämlich die Wirkung des Patentes insoweit nicht ein, als die Erfindung nach den Bestimmungen des Reichskanzlers für das Heer oder die Flotte oder sonst im Interesse der öffentlichen Wohlfahrt benutzt werden soll. Indessen hat alsdann der Patentinhaber den Anspruch auf eine angemessene Vergütung.

Auf Einrichtungen an Fahrzeugen ferner, die nur vorübergehend in das Inland gelangen, erstreckt sich die Wirkung des Patentes ebenfalls nicht.

Praktische Handhabung des Erfindungsschutzes.

Während der Schutz der Urheberrechte an Werken der Literatur und Kunst in der Regel an keine weiteren Förmlichkeiten gebunden ist, so ist dies bei dem Erfindungsschutze nicht der Fall. Die Gesetzgebungen der einzelnen Staaten verlangen vielmehr, daß die zu schützenden Erfindungen ausdrücklich als solche beschrieben und einer hierzu bestimmten Behörde eingereicht werden. Wir haben diese Tatsache im vorhergehenden schon als bekannt voraussetzen müssen. Es ist nun nötig, das Verfahren bei diesen Behörden, für uns also bei dem Deutschen Patentamte, näher darzulegen. Dabei werden auch noch manche andere Punkte zu erörtern sein, die bis jetzt nicht berührt worden sind, namentlich die Frage der Dauer der betreffenden Schutzrechte.

Als Behörde zur Handhabung des Erfindungsschutzes ist in Deutschland das Patentamt eingerichtet. Dieses besteht aus zehn Anmeldeabteilungen, von denen die zum Patent angemeldeten Erfindungen geprüft werden. Diesen reihen sich noch eine Anmeldestelle für Gebrauchsmuster, sowie zwei Abteilungen für Warenzeichensachen an.

Über den Anmeldeabteilungen stehen die beiden Beschwerdeabteilungen, bei denen die Beschlüsse der ersteren angefochten werden können. Weiter ist noch eine Nichtigkeitsabteilung vorhanden, die über den rechtlichen Bestand angefochtener Patentrechte Urteile abgibt und von der aus es noch eine Berufung an das Reichsgericht gibt.

Dagegen liegt die Nachprüfung der Rechtmäßigkeit von Gebrauchsmusterschutzeintragungen nicht bei dem Patentamte, sondern bei den ordentlichen Gerichten. Nur die oberste Instanz, nämlich das Reichsgericht, ist die gleiche.

Besetzt ist das Patentamt mit einer großen Anzahl von Mitgliedern, Hilfsarbeitern, Bureau- und Unterbeamten, die die bedeutende, hier zu leistende Arbeit bewältigen müssen, und deren Zahl Ende 1900 insgesamt 595 betrug, indessen seitdem schon wieder erheblich gewachsen ist. Hiervon waren 25 Juristen, 198 Techniker und 372 Bureau- und Unterbeamte. Unter ihnen waren ferner 80 eigentliche Mitglieder des Patentamtes, zu denen noch 28 Mitglieder im Nebenamt kommen, welch letztere ausschließlich der Technik angehören.

Das Verfahren ist wesentlich verschieden, je nachdem es sich um eine zum Patent oder um eine als Gebrauchsmuster angemeldete Erfindung handelt. Wird ein Patent nachgesucht, so wird die Anmeldung zunächst einer der 89 Haupt- und zahlreichen Unterklassen zugewiesen, in die das Gebiet der Technik für die Zwecke des Patentamtes eingeteilt ist. Jede dieser Klassen ist einer der zehn Anmeldeabteilungen und in dieser wiederum einem der hier beschäftigten Mitglieder zugewiesen, das für die betreffende Klasse als sogenannter Vorprüfer tätig ist.

Der Vorprüfer tritt nun zuerst in die Prüfung der Erfindung ein. Sind die äußeren Erfordernisse in Ordnung, so erstreckt sich diese Prüfung wesentlich auf einen

Vergleich mit dem in der reichhaltigen Bibliothek des Patentamtes aufgehäuften Stoff. Bei dieser Arbeit wird der Vorprüfer von seinem sogenannten Hilfsarbeiter unterstützt.

Kommt er nun zu der Ansicht, daß eine patentfähige Erfindung nicht vorliegt, so geht dem Anmelder ein sogenannter Vorbescheid zu. Auf diesen hat er sich innerhalb einer bestimmten Zeit zu äußern, widrigenfalls die Anmeldung als zurückgenommen gilt.

Sind die Bedenken des Vorprüfers weniger erheblich, so werden sogenannte Zwischenverfügungen erlassen, in denen unter Berücksichtigung der von dem Anmelder eingereichten Entgegnungen das Wesen der Erfindung klargestellt und von dem etwa schon Bekannten oder Nichtpatentfähigen befreit werden soll.

Schließlich geht dann der Bericht des Vorprüfers an die betreffende Abteilung selbst, die auf diesen Bericht und auf den eines Gegenberichterstatters hin entweder die weitere Behandlung oder die Ablehnung des Patentgesuches ausspricht. Hat der Vorprüfer einen Vorbescheid erlassen, so darf er an den betreffenden Abstimmungen nicht teilnehmen. In der Regel wird aber ein Vorbescheid nicht ergangen, vielmehr ausschließlich von Zwischenverfügungen Gebrauch gemacht worden sein.

Gegen den Beschluß der Anmeldeabteilung steht dem Anmelder innerhalb eines Monats die Beschwerde an die zuständige Beschwerdeabteilung offen. Während die Anmeldeabteilungen ausschließlich mit ständigen Mitgliedern besetzt sind, so wirken in den Abteilungen für Beschwerden und für Nichtigkeit auch die nichtständigen Mitglieder des Patentamtes mit. Dies sind in der Regel Staatsbeamte, insbesondere Hochschulprofessoren, die in dem betreffenden Zweige der Technik einen besonderen Ruf genießen.

Während in dem Verfahren vor dem Vorprüfer und vor der Anmeldeabteilung mündliche Verhandlungen verhältnismäßig selten stattfinden, so wird in der Beschwerdeabteilung in der Regel eine solche anberaumt. Das Patentamt ist hierzu sogar beim Vorliegen eines Antrages verpflichtet, wenn eine mündliche Verhandlung in dem vorhergehenden Verfahren noch nicht stattgefunden hat.

Lautet der Beschluß der Beschwerdeabteilung auf Zurückweisung der Anmeldung, so gibt es hiergegen kein weiteres Rechtsmittel. Eine Klage auf Patenterteilung einzuführen, wurde zwar seinerzeit vorgeschlagen, aber nicht in das Gesetz aufgenommen.

Wird die weitere Behandlung der Anmeldung beschlossen, so wird diese nunmehr unter Bekanntmachung ihres Titels im Reichsanzeiger in der sogenannten Auslegehalle des Patentamtes zwei Monate lang zur allgemeinen Einsichtnahme offengelegt. Während dieser Zeit ist jedermann berechtigt, gegen die Erteilung des Patentes Einspruch zu erheben, und zwar wenn er die Erfindung als nach dem Gesetze nicht patentfähig ansieht, oder wenn er glaubt, daß die Erfindung ihm unrechtmäßigerweise entnommen sei. Leider verzögert sich durch die Erhebung eines solchen Einspruches das Patenterteilungsverfahren ungemein, ein Umstand, der um so mehr ins Gewicht fällt, als von den erhobenen Einsprüchen nur der weitaus geringste Teil als gerechtfertigt anerkannt werden kann.

Ist nun ein Einspruch erhoben worden, so wird über diesen vor der Anmeldeabteilung verhandelt. Nötigenfalls werden Zeugen vernommen oder sonstige Ermittlungen angestellt. Die Gerichte sind verpflichtet, dem Patentamte hierbei, wie auch sonst überhaupt, Rechtshilfe zu gewähren.

Hat die Anmeldeabteilung ihre Entscheidung gefällt, so kann jeder der beiden Teile hiergegen wiederum an die

Beschwerdeabteilung gehen. Entscheidet diese auf Zurückweisung des Einspruches, so wird das Verfahren fortgesetzt. Erklärt sie den Einspruch für gerechtfertigt, so wird die Anmeldung zurückgewiesen und das Verfahren ist beendet. Bei teilweiser Zurückweisung des Einspruches wird das Patenterteilungsverfahren nur für einen entsprechend beschränkten Teil der Erfindung weiter fortgesetzt.

Nunmehr entscheidet die Anmeldeabteilung über die Erteilung des Patentes. Dabei ist sie jedoch nicht verpflichtet, das Patent zu erteilen, wenn seit dem Beschlusse über die Auslegung keine Beschwerde erhoben oder wenn eine solche zurückgewiesen ist. Sie kann vielmehr unter Umständen auch so noch das Patent versagen, wenn ihr nämlich irgend welche Tatsachen noch nachträglich bekannt geworden sind, die die Erteilung des Patentes als ungerechtfertigt erscheinen lassen. In diesem Falle wird natürlich gegen einen hier noch erfolgenden Beschluß der Abteilung wiederum die Einlegung einer Beschwerde statthaft sein.

Ist nun endlich die Erteilung des Patentes beschlossen und rechtskräftig geworden, so wird die Patentbeschreibung mit den dazu gehörigen Zeichnungen gedruckt und damit der Öffentlichkeit übergeben. Der Anmelder erhält ein besonderes, mit dem Siegel des Patentamtes versehenes Exemplar davon als Patenturkunde. Auch wird die Erteilung des Patentes, wie auch dessen späteres Erlöschen in die Patentrolle eingetragen. Bei Anmeldungen aus dem Auslande ist neben dem Namen des Inhabers auch der seines bestellten Vertreters in der Rolle zu bemerken. Ein Wechsel des Patentinhabers (oder seines Vertreters) wird gleichfalls in die Rolle eingetragen, nicht aber eine Verpfändung des Patentes, Lizenzerteilungen oder dergleichen.

Nunmehr ist der Anmelder aber noch nicht über alle Gefahren hinaus, sondern es kann nun noch Anfechtung des

Patentes aus verschiedenen Gründen erfolgen. Diese Anfechtungen sind in zwei Richtungen möglich, nämlich einmal in Gestalt einer Klage auf Nichtigkeit, sodann in Gestalt einer Zurücknahmeklage.

Die Klage auf Nichtigkeit geht dahin, das Patent als zu Unrecht erteilt zu erklären, und kann auf dieselben Gründe gestützt werden, wie der Einspruch gegen die Patenterteilung. Außerdem ist noch als besonderer Nichtigkeitsgrund zulässig der, daß die Erfindung Gegenstand des Patentes eines früheren Anmelders ist.

Über die Bedeutung dieses letzteren Grundes sind die Ansichten geteilt. Insofern alle Patentschriften veröffentlicht werden, hätte diese Bestimmung keinen Sinn, da ja das Patent eines früheren Anmelders sich ebenfalls als eine öffentliche Druckschrift darstellen wird. Eine Ausnahme machen nur drei Fälle. Der erste Fall ist der, daß die Anmeldung des Patentes erfolgte, ehe ein älteres Patent auf den betreffenden Gegenstand im Druck erschienen ist. Dann war das ältere Patent noch keine der späteren Anmeldung neuheitsschädliche Druckschrift, konnte also der angemeldeten Erfindung nicht entgegengehalten werden.

Es sei bei dieser Gelegenheit bemerkt, daß, wenn beim Patentamte zwei Patentanmeldungen nacheinander einlaufen, die beide denselben Erfindungsgegenstand zu behandeln scheinen, dann zunächst die erst eingelaufene Anmeldung geprüft wird, während die Prüfung der zweiten Anmeldung so lange ausgesetzt bleibt, bis entschieden ist, ob die erste Anmeldung zur Erteilung eines Patentes führt oder nicht. Erst dann wird auch die zweite Anmeldung weiter behandelt, so daß nunmehr der als patentfähig erkannte Teil der ersteren Anmeldung dem zweiten Anmelder unter Umständen als neuheitsschädlich entgegengehalten werden kann.

Der zweite Fall, der hier in Betracht kommt, ist der, daß ein sogenanntes Geheimpatent auf den nämlichen Erfindungsgegenstand besteht. Das Patentgesetz enthält nämlich die Vorschrift, daß Patente, die von der Reichsregierung für die Zwecke des Heeres oder der Flotte nachgesucht werden, nicht wie die für andere Erfindungen genommenen Patente veröffentlicht, sondern durchaus im geheimen behandelt werden sollen. Derartige Patente können also einer späteren Erfindung überhaupt niemals als Vorveröffentlichungen entgegengehalten werden.

Der dritte Fall, an den allerdings bei dem Erlaß des Patentgesetzes noch nicht zu denken war, wird dann eintreten, wenn für eine in Deutschland eingereichte Patentanmeldung auf Grund der später noch zu besprechenden internationalen Verträge eine Priorität mit dem Datum der ersten Anmeldung in einem Auslandsstaate in Anspruch genommen wird. In diesem Falle kann ein Patent auf einen Erfindungsgegenstand schon erteilt sein, und es sich dann erst herausstellen, daß ein anderer Anmelder noch eine ältere Priorität auf die nämliche Erfindung geltend machen kann.

Alle diese drei Fälle werden aber nur ausnahmsweise eintreten, und es sind auch bis jetzt noch nicht aus diesen Gründen erfolgte Nichtigkeitserklärungen bekannt geworden. Wenn trotzdem die genannte Bestimmung in der Praxis häufig Anwendung findet, so rührt dies daher, daß das Reichsgericht ihr einen ganz anderen, jedenfalls ursprünglich wohl kaum darin liegenden Sinn gegeben hat.

Es besteht nämlich weiter die Vorschrift, daß ein Patent wegen mangelnder Patentfähigkeit des Erfindungsgegenstandes nur innerhalb eines Zeitraumes von fünf Jahren angefochten werden kann. Diese Frist beginnt mit dem Tage der über die Erteilung des Patentes erfolgten Bekanntmachung. Eine solche Bestimmung ist getroffen, um den Erfinder von einer gewissen Zeit ab endlich einmal gegen alle böswillig oder verspätet erfolgende Anfechtungen sicherzustellen, zumal mit der Länge der Zeit die Feststellung des ursprünglichen Sachverhaltes aus verschiedenen Gründen immer schwieriger wird.

Nun hat aber das Reichsgericht entschieden, daß dieser fünfjährige Zeitraum keine Bedeutung haben solle, im Falle die Erfindung schon Gegenstand irgend eines Patentes eines früheren Anmelders nicht nur sei, sondern auch gewesen sei. Ja es werde die Anfechtung auf Grund eines älteren Patentes nach dem Verlauf von fünf Jahren auch dadurch nicht ausgeschlossen, daß das betreffende ältere Patent später als nichtig erklärt worden sei.

Auf diese Weise ist die praktische Bedeutung dieser sogenannten fünfjährigen Präklusivfrist fast ganz aufgehoben.

Die Nichtigkeitserklärung des Patentes hat die Wirkung, daß es so angesehen wird, als ob das Patent niemals bestanden habe, und besitzt somit rückwirkende Kraft. Es ist darum die Nichtigkeitsklage gegen ein Patent auch nach dessen bereits anderweitig erfolgtem Erlöschen noch zulässig, z. B. nach seinem wegen Nichtzahlung der Gebühren erfolgten Ablaufe. Deshalb kann auch nach Erklärung der Nichtigkeit eines Patentes niemand wegen in der Zeit vorher begangener Patentverletzungen belangt werden. Jedoch ist diese Annahme praktisch nicht vollständig durchzuführen. So z. B. müßten auf das Patent aufgebaute Lizenzverträge auch mit rückwirkender Kraft aufgelöst werden. Die Vertragschließenden müßten die empfangenen Nutzungen gegenseitig wieder herausgeben usw. Dies ist undurchführbar und wird auch mit der Praxis nicht durchzuführen versucht. Ebenso zahlt das Patentamt auch die für die vorhergehenden Jahre gezahlten Patentgebühren nicht wieder zurück. Von den Patentgebühren wird übrigens nachher noch gesprochen werden.

Ist eine der Parteien mit der Entscheidung der Nichtigkeitsabteilung des Patentamtes nicht zufrieden, so steht ihr hiergegen Berufung an das Reichsgericht zu, das endgültig entscheidet.

Nahe verwandt der Nichtigkeitsklage ist die Zurücknahmeklage. Diese beruht nicht darauf, daß das Patent zu Unrecht erteilt sei, sondern darauf, daß es von dem Inhaber nicht in der erforderlichen Weise verwertet werde. In dieser Hinsicht macht sich die Anschauung geltend, daß das Patent nicht, wie jedes andere Eigentum, von dem Berechtigten nach Belieben ausgenutzt werden könne oder nicht, sondern daß eine Pflicht bestehe, eine solche Ausübung wenigstens dann zu unternehmen oder anderen zu gestatten, wenn sie im allgemeinen Interesse liege. Diese Meinung beruht darauf, daß man annimmt, das Patent stelle gleichsam ein Gut dar, das dem Erfinder zugefallen sei, weil er es erstmalig in Besitz genommen habe, ähnlich wie die Ausübung des Bergbaues demjenigen gestattet wird, der zuerst das Vorhandensein der betreffenden Mineralien nachgewiesen hat. Wird von dieser Berechtigung des Patentinhabers kein Gebrauch gemacht, so verfällt sie wieder, weil die Allgemeinheit verlangen darf, daß sie im allseitigen Interesse wenigstens irgendwie ausgebeutet werde.

Ähnlich wird auch gesagt, daß neue Erfindungen gleichsam in der Luft lägen. Wer sich diese zufällig zuerst aneigne, dürfe das in ihnen liegende Gut der Allgemeinheit um so weniger vorenthalten, als sonst gewiß irgend jemand anders die gleiche Erfindung über kurz oder lang gemacht haben würde.

Ob diese Gedanken falsch oder richtig seien, mag dahingestellt bleiben. Jedenfalls sind sie der Grund, auf dem sich das Recht aufbaut, eine Zurücknahmeklage anzustrengen. Diese ist zulässig, wenn seit dem Tage der über die Erteilung des Patentes erfolgten Bekanntmachung drei Jahre verflossen sind, ohne daß der Patentinhaber im Inlande die Erfindung in angemessenem Umfange ausgeführt oder doch wenigstens alles versucht hat, um eine Ausführung zu sichern.

Auch ist sie dann zulässig, wenn nach dem Ablauf der genannten Frist die Erteilung der Erlaubnis zur Benutzung der Erfindung an andere geboten erscheint, der Patentinhaber sich aber gleichwohl weigert, diese Erlaubnis unter angemessenen Bedingungen zu gewähren. Es wird also hier der Fall der sogenannten Lizenzverweigerung betroffen.

Im Falle der Lizenzverweigerung muß einer den Antrag auf Zurücknahme entsprechenden Entscheidung eine Androhung der Zurücknahme unter Angabe von Gründen und unter Festsetzung einer angemessenen Frist vorausgehen.

Zurücknahmeklagen werden ebenso behandelt wie Nichtigkeitsklagen, sind aber viel seltener als diese, da die Voraussetzungen hierfür weniger oft zutreffen, und auch deshalb, weil es in das freie Ermessen des Patentamtes und des Reichsgerichtes gestellt ist, ob es die Zurücknahmeklage für gerechtfertigt halten will oder nicht.

Die Folge einer Zurücknahme des Patentes unterscheidet sich von derjenigen einer Nichtigkeitserklärung dadurch, daß durch die Zurücknahme das Patent nur einfach erlischt, während sein Bestand bis dahin als gesetzmäßig angesehen wird.

Im übrigen erlischt ein Patent entweder durch Zeitablauf oder infolge Nichtzahlung der Patentgebühren.

Patente werden nämlich für Erfindungen nicht auf eine unbegrenzte oder auch nur auf eine irgendwie erhebliche Zeit erteilt, sondern für einen Zeitraum von (in Deutschland) höchstens fünfzehn Jahren, von der Anmeldung ab gerechnet. Durch diese große Kürze des gewährten Schutzes unterscheidet sich der Erfindungsschutz stark von dem Schutze für Werke der Literatur und Kunst. Auch diese nur kurze Bemessung der Schutzdauer hat wesentlich in der eben angedeuteten Annahme ihren Grund, daß jede Erfindung sozusagen im allgemeinen Lauf der Dinge begründet sei.

Überdies sind für die Gewährung der Patentrechte erhebliche Gebühren zu zahlen, wiederum ein grundlegender Unterschied gegen das System der früher besprochenen Urheberrechte. Und doch sind diese Patentgebühren nicht etwas, das mit dem Erfindungsschutze untrennbar verbunden wäre, sondern, wenn man genauer zusieht, nur eine Art von Steuer, weshalb sie auch mit Recht als Patentsteuer bezeichnet werden. Während man bei den Werken der Literatur und Kunst dem Urheber die aus ihnen fließenden Erträgnisse ruhig zukommen läßt, ohne zu erwägen, ob diese nicht etwa im Verhältnis zu hoch seien, so besteht im Patentwesen die Ansicht, daß der Erfinder, der doch mit seiner Erfindung so ungemein viel verdienen könne, auch einen entsprechenden Teil seiner Einnahmen an den Staat abgeben müsse, zumal die von ihm gemachten Verdienste in gewissem Sinne anderen Wettbewerbern entgingen. Auch kommt hinzu, daß die Prüfung der Erfindungen und die Erteilung der Patente für den Staat immer mit einem gewissen Kostenaufwande verbunden sind.

Unter diesen Umständen erheben alle Staaten denn auch Patentgebühren. Unter diesen sind die in Deutschland zu zahlenden weitaus am höchsten, und zwar wohl aus dem Grunde, weil man sich in Deutschland am längsten gegen die Einführung des Erfindungsschutzes gesträubt hat, und weil unter diesen Umständen die Einführung hoher Patentgebühren seinerzeit als ein Zugeständnis an die Gegner des Patentschutzes aufzufassen war.

An Gebühren werden erhoben für eine Patentanmeldung 20 Mark, für jede Beschwerde mit Ausnahme gewisser Fälle ebensoviel und für die Erteilung des Patentes 30 Mark. Letzterer Betrag wird zugleich als erste Jahresgebühr betrachtet. Die später folgenden Jahresgebühren sind trotz dieses ihres Namens lediglich als Steuer aufzufassen. Sie betragen für das zweite Jahr fünfzig Mark und steigen dann jedes Jahr um weitere fünfzig Mark, so daß sie für das fünfzehnte Jahr 700 Mark betragen. Die Gesamtsumme aller Patentgebühren beläuft sich demnach im günstigsten Falle auf 5300 Mark. Der Bundesrat ist ermächtigt, eine Herabsetzung dieser Jahresgebühren zu beschließen. Es ist jedoch nicht anzunehmen, daß von dieser Ermächtigung jemals Gebrauch gemacht werden wird.

Da nun in der Tat nur die wenigsten Erfindungen einen solchen Ertrag abwerfen können, daß der Erfinder oder Anmelder 5300 Mark — außer den sonst ihm erwachsenden Unkosten — davon entrichten kann, so verfallen die meisten Patente schon nach einigen Jahren wieder.

Nur in dem Falle werden nicht diese hohen Patentgebühren erhoben, wenn das Patent als ein sogenanntes Zusatzpatent nachgesucht wird. Zusatzpatente sind solche Patente, die die Verbesserung oder weitere Ausbildung einer in einem anderen Patent des nämlichen Anmelders beschriebenen Erfindung zum Gegenstande haben. Sie zahlen vom zweiten Jahre ab keine Jahresgebühren, besitzen dafür aber auch in der Regel nur eine kürzere Dauer als die Hauptpatente. Sie laufen nämlich nur bis zu dem Tage, an dem das Hauptpatent erlischt. Wird ein Hauptpatent durch Nichtigkeitserklärung hinfällig, so wird ein dazu genommenes Zusatzpatent selbständig, läuft aber auch nicht länger, als das Hauptpatent gelaufen sein würde. Die Gebühren richten sich dann nach dem Alter des Zusatzpatentes selber.

Im übrigen ist zu bemerken, daß die tatsächliche Dauer des Patentschutzes niemals fünfzehn Jahre erreicht, da ein vorläufiger Patentschutz nicht schon mit der Anmeldung, sondern erst mit der öffentlichen Auslegung dieser letzteren eintritt. Der endgültige Schutz beginnt erst mit dem Tage der Patenterteilung. Da ein Zusatzpatent schon angemeldet werden kann, während die erste Anmeldung noch schwebt, so kann demnach unter Umständen die wirkliche Schutzdauer eines Zusatzpatentes ebenso lang sein, als die des zugehörigen Hauptpatentes.

Wesentlich kürzer als die Patentdauer ist diejenige des Gebrauchsmusterschutzes. Sie beträgt höchstens sechs Jahre, von der Anmeldung ab gerechnet. An Gebühren sind für die ersten drei Jahre fünfzehn Mark, für die letzten drei Jahre sechzig Mark, zusammen fünfundsiebzig Mark zu entrichten.

Da Patente sowohl wie Gebrauchsmuster wegen unterlassener Gebührenzahlung meist verhältnismäßig früh erlöschen, so ist der Unterschied in der Dauer beider Schutzraten, praktisch gerechnet, nicht so groß. Ein Patent dauert durchschnittlich noch keine fünf Jahre, während nur $2\,^1/_2\,\%$ aller Patente fünfzehn Jahre aufrecht erhalten bleiben. Dagegen werden von Gebrauchsmustern etwa $16^1/_2\,\%$ auf sechs Jahre verlängert, so daß sich eine Durchschnittsdauer von etwa dreieinhalb Jahren ergibt.

Gebrauchsmuster sollen ohne weitere Prüfung eingetragen werden, weshalb Beschwerdegebühren usw. nicht in Betracht kommen. Jedoch findet tatsächlich eine ziemlich eingehende Prüfung seitens des Patentamtes statt, die sich namentlich darauf erstreckt, ob Modellfähigkeit und Einheitlichkeit vorhanden sind.

Liegt Modellfähigkeit nach Ansicht des Patentamtes nicht vor, so wird die Anmeldung zurückgewiesen. Findet das Patentamt, daß sich die Anmeldung auf eine Mehrzahl von Modellen erstreckt, so wird der Anmelder aufgefordert, für jedes Modell eine besondere Anmeldung einzureichen, oder diese entsprechend zu beschränken.

Im übrigen spielt besonders der Begriff der Einheitlichkeit in der Behandlung auch der Patentanmeldungen eine große Rolle. Dieser Begriff ist, ebenso wie derjenige der Patentgebühren, etwas, das mit dem Erfindungsschutz an sich nichts zu tun hat, sondern rein fiskalischer Natur ist. Da nämlich für jedes Patent eine besondere Gebühr erhoben wird, so liegt es im Interesse der Patentamtskasse, genau darauf zu achten, daß in jeder Patentanmeldung nur eine Erfindung enthalten sei. Von der Bestimmung im Patentgesetze ausgehend, daß für jede Erfindung eine besondere Anmeldung eingereicht werden müsse, wird deshalb dem Anmelder vielfach die Verpflichtung auferlegt, seine Anmeldung zu teilen oder auf einen Teil des in ihr Beanspruchten Verzicht zu leisten. Der Erfinder wiederum sieht sich vielfach außer stande, eine solche Teilung vorzunehmen, einmal weil ihm auf diese Weise bei zusammengesetzten Erfindungen unerschwingliche Gebühren auferlegt werden, dann aber auch, weil, wie in dem Worte zusammengesetzte Erfindungen schon angedeutet ist, eine Teilung der in einer Anmeldung niedergelegten Gedanken praktisch oft gar nicht ausführbar ist. Es handelt sich z. B. um Maschinen, die aus verschiedenen Teilen bestehen, von denen entweder alle einzeln für sich schon bekannt sind, so daß nur das Ganze eine neue Erfindung darstellt, oder von denen einige bekannt und einige neu sind, so daß sowohl das Ganze, wie auch jeder einzelne neue Teil eine Erfindung ist. Derartige sogenannte Kombinationserfindungen kommen bei dieser Praxis schlecht weg. Das Patentamt verlangt, daß in solchen Fällen erklärt werde, daß der Schutz nur für das Ganze, nicht aber für die einzelnen Teile beansprucht wird. Weigert sich der Anmelder, eine solche Erklärung in die Beschreibung aufzunehmen, so wird die Anmeldung in der Regel zurückgewiesen. Wird das Patent aber dennoch ohne diese Erklärung erteilt, so ergibt es sich bei etwa stattfindenden gerichtlichen Streitigkeiten, daß das Reichsgericht auf dem Standpunkte steht, sowohl das Ganze wie auch die einzelnen etwa als neu beanspruchten Teile für geschützt zu erklären, wie es auch allein den Interessen der Industrie entspricht.

Über die Strafbestimmungen wegen Patentverletzung, Nachahmung fremder Gebrauchsmuster usw. wird im letzten Abschnitte dieses Buches gesprochen werden.

Was die Häufigkeit der Inanspruchnahme des Patentschutzes anbetrifft, so sind seit dem Jahre 1877 bis zum Ende des Jahres 1904 insgesamt 394775 Patentanmeldungen eingereicht und hierauf 158245 Patente erteilt worden. Diese Zahl entspricht durchschnittlich 40% erfolgreicher Anmeldungen, wobei indessen zu berücksichtigen ist, daß im allgemeinen die Zahl der erfolgreichen Anmeldungen, von Schwankungen im einzelnen abgesehen, ein ziemliches Sinken aufweist. Sie betrug im Jahre 1878 etwa 71, im Jahre 1904 etwa 33%. Von den erteilten Patenten waren am Ende des Jahres 1904 noch 31486 in Kraft. Von den insgesamt erteilten Patenten stammten 53818 oder 34% aus dem Auslande.

Gebrauchsmuster wurden vom Jahre 1891 bis zum Ende des Jahres 1904 241161 eingetragen, von denen am Schlusse des Jahres 1904 noch 81147 in Kraft waren. Von der Gesamtzahl der 273697 Anmeldungen stammten 16305 oder 6% aus dem Auslande, also erheblich weniger als bei Patenten.

Wir können von dem Verfahren in Patent- und Gebrauchsmustersachen nicht scheiden, ohne noch eines Standes zu gedenken, der hier neben dem Patentamt und den Gerichten eine wichtige Rolle spielt. Es sind dies die Patentanwälte, deren Verhältnisse durch das Gesetz vom 21. Mai 1900 geregelt sind.

Es hatte sich nämlich herausgestellt, daß das Verfahren in Patentsachen durch die große Zahl der in Betracht kommenden Gesetze und Verfügungen, sowie durch die stets gebotene Rücksichtnahme auf die Praxis des Patentamtes und der Gerichte so umständlich wurde, daß namentlich der weniger geschäftsgewandte und weniger technisch gebildete Anmelder sich schon aus diesem Grunde eines Vertreters bedienen mußte, während größere Firmen oder sonst viel beschäftigte Anmelder aus dem Grunde eines Vertreters bedurften, weil für sie selber die betreffenden Arbeiten viel zu zeitraubend gewesen wären. Das Patentgesetz, wie auch das Gebrauchsmustergesetz und das Warenzeichengesetz schreiben außerdem vor, daß der im Auslande wohnhafte Anmelder sich durch einen inländischeu Bevollmächtigten vertreten lassen muß.

Unter diesen Umständen hatte sich allmählich ein Stand von Vertretern in den Angelegenheiten des gewerblichen Rechtsschutzes gebildet, der sich zum Teil aus recht wenig geeigneten Persönlichkeiten zusammensetzte. Deshalb bestimmte dann das genannte Gesetz, daß die Patentanwälte nach Ablegung einer technischen Fachprüfung eine Zeitlang in der Industrie und in den Angelegenheiten des gewerblichen Rechtsschutzes tätig gewesen sein müßten, worauf sie vor dem Patentamt eine weitere Prüfung abzulegen hätten, in der sie ihre juristische Befähigung nachweisen müßten.

Diese Personen werden dann in die Liste der Patentanwälte eingetragen und sind allein befugt, sich mit diesem Titel zu bezeichnen. Für Verfehlungen der Patentanwälte ist ein ehrengerichtliches Verfahren vorgesehen, in dem unter Umständen auf Löschung in der Liste erkannt wird. Personen, die, ohne als Patentanwalt eingetragen zu sein, sich mit diesem oder einem ähnlichen Titel bezeichnen, setzen sich hierdurch gerichtlicher Bestrafung aus. Im übrigen können Personen, die, ohne Patentanwalt oder Rechtsanwalt zu sein, in Angelegenheiten des gewerblichen Rechtsschutzes berufsmäßig tätig sind, jederzeit von dem Präsidenten des Patentamtes von der Vertretungstätigkeit ausgeschlossen werden.

Das Gesetz hat bewirkt, daß nunmehr jedermann sich darüber unterrichten kann, ob eine von ihm als Vertreter in Aussicht genommene Persönlichkeit ein Patentanwalt ist oder nicht. Zu diesem Zwecke übersendet das Patentamt jedem auf Anfrage die Liste der eingetragenen Anwälte. Jedoch hat es nicht hindern können, daß nach wie vor die nicht eingetragenen Vertreter, ja sogar die ausdrücklich ausgeschlossenen Personen ihre Dienste anbieten. Letztere wissen immer Mittel und Wege, durch Vorschiebung unverdächtiger Persönlichkeiten ihre Geschäfte auszuüben und den Auftraggeber namentlich durch Verleitung zu unnötigen Patentanmeldungen im Auslande und durch andere Maßnahmen zu schädigen.

Die Zahl der eingetragenen Patentanwälte betrug am Ende des Jahres 1904 237.

Der Schutz der Muster und Modelle.

Der Schutz der Muster und Modelle, der sogenannte Geschmacksmusterschutz, betrifft, wie bereits erwähnt, trotz des ähnlichen Namens ein ganz anderes Gebiet als derjenige der sogenannten Gebrauchsmuster. Die Muster und Modelle im Sinne des hier zu besprechenden Gesetzes und im allgemeinen Sprachgebrauch überhaupt sind vielmehr nicht Gegenstände, die sich als technische Erfindungen, sondern solche, die sich als Entwürfe darstellen. Sie unterscheiden sich dadurch nur dem Grade nach, nicht aber eigentlich dem Wesen nach von den wirklichen Kunstwerken.

Man kann sagen, daß sich das Gebiet der Muster und Modelle zu demjenigen der Kunstwerke etwa ähnlich verhält, wie das der Gebrauchsmuster zu dem der eigentlichen Erfindungen. Wie in dem Gebrauchsmuster an die Eigenartigkeit des Erfindungsgedankens geringere Anforderungen gestellt werden, als bei der zu patentierenden Erfindung, so beansprucht ein Muster oder Modell in dem hier gemeinten Sinne in weit geringerem Grade die Eigenschaft einer künstlerischen Schöpfung, als das wirkliche Kunstwerk. Namentlich aber kommt noch hinzu, daß bei dem Muster und Modell die Verwendung für gewerbliche Zwecke in erster Linie steht, während diese beim Kunstwerk nicht vorhanden zu sein braucht.

Der Gedanke indessen, daß zwischen der sogenannten reinen Kunst, wie sie Gegenstand des Kunstschutzes ist, und zwischen den Erzeugnissen gewerblicher Tätigkeit, für die der Muster- und Modellschutz in Betracht kommt, eine scharfe Grenze besteht, ist nicht berechtigt. Beide Gebiete gehen vielmehr unmerklich ineinander über.

Aus diesem Grunde ist es nicht einzusehen, warum ein gewisses Erzeugnis nicht ebensowohl als Kunstwerk, wie auch als Muster oder Modell geschützt werden könne. Leider ist dies gegenwärtig noch durch eine Bestimmung des Gesetzes vom 11. Juni 1870 ausgeschlossen, wonach Kunstwerke als solche nicht geschützt sind, wenn deren Urheber gestattet, daß sie an gewerblichen Erzeugnissen angebracht werden. Ähnlich fällt auch die Nachbildung fremder Photographien an gewerblichen Erzeugnissen gegenwärtig ebenfalls noch nicht unter den Schutz des Gesetzes.

Das Gesetz vom 11. Januar 1876 nun, das den Schutz der Muster und Modelle regelt, bildet mit dem Gesetze bezüglich des Urheberrechtes an Schriftwerken usw., vom 11. Juni 1870, sowie mit dem Gesetze vom 9. Januar 1876, betreffend das Urheberrecht an Werken der bildenden Künste, und dem vom 10. Januar 1876, betreffend den Schutz der Photographien, eine geschlossene Einheit. Die in Rede stehenden Gesetze sind jedoch, wie bereits anderweitig ausgeführt wurde, teilweise schon aufgehoben, während im übrigen deren Aufhebung nahe bevorstehen dürfte. Nur für das Gesetz bezüglich der Muster und Modelle ist bis jetzt noch nicht einmal ein neuer Entwurf veröffentlicht worden. Es sei übrigens bemerkt, daß das hier zu behandelnde Gesetz überhaupt das erste seiner Art im Deutschen Reiche ist; vorher hatte ein ähnlicher Schutz nur in Elsaß-Lothringen bestanden. Der Wunsch der dortigen Industriellen, diesen von der französischen Zeit her gewohnten Schutz auch im Deutschen Reiche zu genießen, gab dann Veranlassung, auch hierzulande ein entsprechendes Gesetz einzuführen.

Nach dem Gesetze steht das Recht, ein gewerbliches Muster oder Modell ganz oder teilweise nachzubilden, dem Urheber ausschließlich zu. Als Muster oder Modelle werden nur neue und eigentümliche Erzeugnisse angesehen.

Bei solchen Mustern und Modellen, die von Zeichnern usw. für Rechnung des Eigentümers einer inländischen gewerblichen Anstalt angefertigt werden, gilt der letztere als Urheber. Diese Bestimmung ist wesentlich verschieden von dem für den Schutz an Werken der bildenden Künste geltenden Recht. Letzteres stellt eine ähnliche Vermutung für andere Personen als den wirklichen Urheber nicht auf und macht nur dann eine Ausnahme, wenn die betreffenden Werke ohne Nennung des wirklichen Urhebers durch eine juristische Person des öffentlichen Rechtes herausgegeben worden sind. Insofern kommt hier die Eigenschaft des Musters als einer gewerblichen Leistung zum Durchbruch, worin sich denn die

Musterschutzgesetzgebung wieder mit derjenigen zum Schutze der Erfindungen berührt.

Das Recht des Urhebers (oder der als Urheber geltenden Person) ist in jeder Weise übertragbar.

Die Dauer des Rechtes ist wesentlich kürzer, als diejenige des literarischen oder künstlerischen Urheberrechtes. Auch wird das Recht nicht ohne weiteres, sondern nur nach Eintragung des Musters in das Musterregister geschützt.

Was die hierbei zu beobachtenden Förmlichkeiten anbetrifft, so nimmt das Musterrecht eine besondere Stellung gegenüber dem Erfindungsrechte ein. Die Handhabung des letzteren ist in Deutschland bei dem Patentamte vereinigt, so daß eine jede Erfindung nur bei diesem angemeldet werden kann, während andererseits die Kenntnis der geschützten Erfindungen durch diese einheitliche Handhabung wesentlich erleichtert wird. Außerdem werden die Patente durch den Druck vervielfältigt, während bei Gebrauchsmustern wenigstens die Einsichtnahme der Unterlagen jedermann gestattet ist.

Dagegen wird das Musterregister von der mit der Führung der Handelsregister beauftragten Gerichtsbehörde geführt. Dies sind nach dem Gesetz über die freiwillige Gerichtsbarkeit vom 17. Mai 1898 die Amtsgerichte. Der Urheber hat die Anmeldung des Musters oder Modells bei dem Amtsgerichte seiner Hauptniederlassung und, falls er eine eingetragene Firma nicht besitzt, bei derjenigen seines Wohnortes zu bewirken. Besitzt der Urheber im Inlande weder eine Niederlassung noch einen Wohnsitz, so muß die Anmeldung bei dem Handelsgerichte in Leipzig erfolgen. Die Muster oder Modelle können offen oder versiegelt, einzeln oder in Paketen hinterlegt werden. Die Pakete dürfen jedoch nicht mehr als 50 Muster oder Modelle enthalten, und nicht mehr als 10 kg wiegen.

Wer nun Muster oder Modelle eintragen lassen will, muß nach den hierzu erlassenen Bestimmungen des Reichskanzlers den Antrag entweder schriftlich stellen oder zu Protokoll geben. Im ersteren Falle muß die Echtheit der Unterschrift des Antragstellers amtlich beglaubigt sein. Im letzteren Falle muß die Person des Antragstellers durch einen glaubhaften Zeugen festgestellt werden. Diese großen Vorsichtsmaßregeln sind allerdings recht überflüssig, da es doch niemand einfallen wird, für irgend jemand ein diesem nicht gehöriges Muster eintragen zu lassen.

Bei der Anmeldung muß ferner noch bestimmt angegeben werden, ob das Muster für Flächenerzeugnisse oder für plastische Erzeugnisse bestimmt ist. Die Anmeldung eines und desselben Musters für Flächenerzeugnisse und für plastische Erzeugnisse ist unzulässig.

Diese letztere Bestimmung gründet sich darauf, daß das Gesetz es nicht für eine verbotene Nachbildung erklärt, wenn ein Muster, das für Flächenerzeugnisse bestimmt ist, durch plastische Erzeugnisse nachgebildet wird und umgekehrt, steht aber mit den tatsächlichen Verhältnissen im Widerstreit, nach denen zwischen Flächenerzeugnissen und plastischen Erzeugnissen ein ganz allmählicher Übergang stattfindet, so daß oft selbst der Fachmann nicht anzugeben weiß, was ein plastisches und was ein Flächenerzeugnis ist. Man denke z. B. nur an flach geprägte Ansichtspostkarten und dergleichen.

Der Schutz der eingetragenen Muster dauert nun je nach der Wahl des Anmelders nur ein bis drei Jahre, vom Tage der Anmeldung ab gerechnet. Für jede Eintragung eines einzelnen Musters oder eines Paketes von höchstens fünfzig Mustern wird für jedes Jahr eine Gebühr von einer Mark erhoben.

Sind diese drei Jahre vorüber, oder ist der Musterschutz schon früher abgelaufen, so erfolgt die Eröffnung der versiegelt niedergelegten Muster. Will der Schutzinhaber die

Schutzfrist verlängern lassen, so kann er deren Ausdehnung bis auf höchstens fünfzehn Jahre beantragen, und zwar kann er dies entweder tun, wenn die dreijährige Schutzfrist vorüber ist, oder wenn das Muster zehn Jahre lang geschützt gewesen ist. Zu anderen Zeiten kann ein solches Verlängerungsgesuch nicht gestellt werden.

Die Gebühren für eine derartig verlängerte Schutzfrist sind wesentlich höher, als für die ersten drei Jahre. Es ist nämlich dann für jedes weitere Jahr bis zum zehnten Jahr einschließlich eine Gebühr von zwei Mark, von elf bis fünfzehn Jahren eine solche von drei Mark für jedes einzelne Muster oder Modell zu entrichten. Fünfzig Muster würden also für die ersten drei Jahre zusammen nur drei Mark kosten, während für das vierte bis zehnte 700 Mark, für das elfte bis fünfzehnte 750 Mark zu entrichten wären. Diese Art der Berechnungsweise ist also darauf gerichtet, den Schutz für die ersten Jahre möglichst zu erleichtern, für die späteren Jahre aber nur dann einen solchen zuzulassen, wenn es sich um wertvollere Muster handelt.

Alle Eingaben, Verhandlungen usw., die die Eintragung in das Musterregister betreffen, sind stempelfrei; jedoch ist außer den erwähnten Mustergebühren für jeden Eintragungsschein, sowie für jeden sonstigen Auszug aus dem Musterregister eine Gebühr von einer Mark zu entrichten.

Auf die Strafbestimmungen betreffend Zuwiderhandlungen gegen das Recht des Urhebers werden wir später noch zurückkommen; es sei nur bemerkt, daß wegen dieser auf das Gesetz vom 11. Juni 1870 verwiesen wird. Desgleichen sollen die nach diesem Gesetz einzurichtenden Sachverständigenvereine in anderer Besetzung auch für Muster und Modelle zuständig sein.

Weiter ist noch zu bemerken, daß nach dem Gesetze als Nachbildung nicht anzusehen ist die freie Benutzung einzelner

Motive eines Musters oder Modells zur Herstellung eines neuen Musters oder Modells, ebenso nicht die Einzelkopie eines Musters oder Modells, sofern diese ohne die Absicht der gewerbsmäßigen Verbreitung angefertigt wird. Auch die Aufnahme von Nachbildungen einzelner Muster oder Modelle in ein Schriftwerk soll nicht als Nachbildung gelten. Daß die Nachbildung von Flächenerzeugnissen durch plastische Erzeugnisse und das umgekehrte Verfahren ebenfalls erlaubt sein soll, wurde bereits erwähnt.

Dagegen wird es für verboten erklärt, wenn bei der Hervorbringung des nachgemachten Musters ein anderes Verfahren angewendet worden ist, als bei dem Originalwerke, oder wenn die Nachbildung für einen anderen Gewerbszweig bestimmt ist, als das Original. Auch darf die Nachbildung nicht in anderen räumlichen Abmessungen hergestellt werden, als das Original, oder sich von diesem nur durch solche Abänderungen unterscheiden, die nur bei Anwendung besonderer Aufmerksamkeit wahrgenommen werden können. Selbstverständlich ist die Bestimmung, daß es auch verboten sein soll, wenn die Nachbildung nicht unmittelbar nach dem Originalwerke, sondern mittelbar nach einer Nachbildung davon hergestellt ist.

Was die Benutzung des Musterregisters anbetrifft, so sind nach den bis Ende März 1905 veröffentlichten Aufstellungen bis damals 2 661 216 Muster eingetragen, von denen nur 55 548, also etwa 2 % dem Auslande entstammen. Wenn, wie zu erwarten, durch ein neues Musterschutzgesetz die Eintragung der Muster erheblich vereinfacht und bei dem Patentamte vereinigt sein wird, wird auch wohl die Zahl der vom Auslande her angemeldeten Muster wesentlich steigen, wenn auch den Umständen nach die Beteiligung des Auslandes am Musterschutz nie so groß sein wird, wie etwa am Warenzeichenschutz, Gebrauchsmusterschutz, oder gar am Patentschutz.

Warenzeichenschutz.

Die älteste Schutzform des gewerblichen Urheberrechtes ist diejenige des Warenzeichen- oder Markenschutzes. Längst, ehe man noch an einen Schutz des Urheberrechtes in engerem Sinne dachte, waren schon an vielen Mittelpunkten des Gewerbes, dann seitens der Innungen usw. überhaupt Marken verschiedener Art, insbesondere Warenzeichen eingeführt worden. Diese Zeichen zerfielen in zwei große Klassen, die meist nebeneinander angewendet wurden, nämlich einmal in solche der einzelnen und sodann in Zeichen der Verbände, denen diese einzelnen angehörten. Erstere Zeichen hießen auch Individualzeichen, letztere Kollektivzeichen oder nach ihren hauptsächlichsten Inhabern Innungszeichen. Es sei bemerkt, daß das Wort „Kollektivzeichen“ von manchen Schriftstellern auch in einem anderen Sinne gebraucht wird, indem dann dieser Begriff nicht auf Zeichen bezogen wird, die einer Mehrzahl von Benutzern zustehen, sondern auf solche, die aus einer Mehrzahl von einzelnen, sämtlich getrennten Teilen zusammengesetzt sind.

Indem also eine Ware mit dem Zeichen des Herstellers und dem der Innung versehen war, so zeigte sie hierdurch dem Käufer an, daß die Ware von letzterem Verbande als vorschriftsmäßig befunden war, und daß dieser imstande war, falls trotzdem etwas daran fehlte, den Verfertiger zur Rechenschaft zu ziehen. Hierdurch wurde jeder genötigt, auf gute Ware zu halten, so daß sich die Marke zu einem wertvollen Besitze der betreffenden entwickelte und, indem sie den Ursprung der Waren verbürgte, für deren Urheber einen wesentlichen Schutz seiner gewerblichen Tätigkeit bildete. Es ist deshalb nicht unangebracht, wenn der Warenzeichenschutz, wie im vorliegenden Buche und auch sonst neuerdings, als ein Teil des Urheberschutzes angesehen wird, ganz abgesehen davon, daß er sich so dem ihm aufs nächste verwandten Erfindungs- und Musterschutz aufs natürlichste anreiht.

Wie aus diesem Abriß hervorgeht, war also die Marke ursprünglich nicht sowohl von dem einzelnen freiwillig gewählt, als vielmehr von der Gesamtheit, der Innung, vorgeschrieben. Es herrschte also durchgehends Markenzwang. Dieser Markenzwang besteht heute in Deutschland nicht mehr. Ob seine Beseitigung ein Vorteil für die Industrie war, ist fraglich. Jedenfalls war namentlich die Bergisch-Märkische Kleineisenindustrie mit diesem Markenzwang sehr zufrieden, da er hier lange Zeit bestanden und den guten Ruf dieser Industrie wesentlich mit begründet hat. Höchstens können als Zwangszeichen bei uns noch angesehen werden die Stempel, die Gold- oder Silberwaren nach dem Gesetze vom 16. Juli 1884 tragen müssen, oder die für Margarine nach dem Gesetz vom 15. Juni 1897 vorgeschriebenen Kennzeichnungen.

Dagegen enthält andererseits das deutsche Warenzeichengesetz vom 12. Mai 1894 noch eine Anzahl von Bestimmungen, die eigentlich nicht in das Gebiet des Markenrechtes, sondern in das der Bekämpfung des unlauteren Wettbewerbes fallen, und auf die deshalb erst im folgenden Abschnitt näher eingegangen werden soll.

Nachdem der Schutz der Warenzeichen in Deutschland früher nur sehr unvollständig und je nach den einzelnen Staaten nach verschiedenen Grundsätzen geregelt war, so wurde zuerst das Gesetz über den Markenschutz vom 30. November 1874 erlassen. Nach diesem Gesetze konnten Gewerbetreibende, deren Firma im Handelsregister eingetragen war, Warenzeichen, jedoch mit Ausschluß von Wortzeichen, zur Eintragung in das Handelsregister anmelden.

Das jetzt geltende Gesetz vom 12. Mai 1894 dehnte das Recht zur Eintragung eines Warenzeichens auf jeden

Geschäftsinhaber aus und hob auch die Beschränkung auf Bildzeichen auf, so daß nunmehr jedes beliebige Zeichen als Warenzeichen eingetragen werden kann, wenn es nicht etwa ausdrücklich gegen die Rechte anderer oder gegen besondere Bestimmungen des Gesetzes verstößt.

Um den Inhalt des letzteren kurz anzugeben, so ist das Warenzeichenwesen bei dem Kaiserlichen Patentamte vereinigt. Das Verfahren richtet sich in vielen Beziehungen nach dem in Patentangelegenheiten üblichen, hat aber auch andererseits manches besondere. Zwei Abteilungen für Warenzeichen nehmen die Anmeldungen entgegen. Gegen ihre Entscheidung ist Beschwerde an die Beschwerdeabteilung I des Patentamtes gestattet. Die Nichtigkeitsabteilung tritt in Warenzeichensachen nicht in Tätigkeit.

Wer in seinem Geschäftsbetriebe zur Unterscheidung seiner Waren von denen anderer sich eines Warenzeichens bedienen will, kann das Zeichen beim Patentamte anmelden. Rechte werden nur durch diese Anmeldung, nicht aber durch eine bloße Benutzung des Zeichens erworben, so daß also der unrechtmäßige Besitzer eines bereits von einem anderen geführten Zeichens dieses letztere für sich eintragen lassen und dem rechtmäßigen Inhaber seine weitere Führung verbieten kann. Eine Abänderung dieser Bestimmung wird von den gewerblichen Kreisen lebhaft gewünscht.

Bei der Anmeldung ist der Geschäftsbetrieb anzugeben, sowie ein Verzeichnis der Waren einzureichen, für die das Zeichen benutzt werden soll. Derartige Warenverzeichnisse haben oft eine ungemeine Länge und nehmen bei sogenannten Exportgeschäften meist mehrere große, enggedruckte Zeitungsspalten ein.

Die eingelaufenen Anmeldungen werden vom Patentamte geprüft und zurückgewiesen, wenn die betreffenden Zeichen ausschließlich in Zahlen, Buchstaben oder solchen

Wörtern bestehen, die Angaben über Art, Zeit und Ort der Herstellung, über die Beschaffenheit, die Bestimmung, über Preis-, Mengen- oder Gewichtsverhältnisse der Ware enthalten.

Weiter dürfen sie keine in- oder ausländischen Staatswappen, oder Wappen eines inländischen Gemeindeverbandes aufweisen. Desgleichen werden Ärgernis erregende Darstellungen, sowie solche Angaben zurückgewiesen, die ersichtlich den tatsächlichen Verhältnissen nicht entsprechen und die Gefahr einer Täuschung begründen.

Namentlich sind aber noch von der Eintragung ausgeschlossen sogenannte Freizeichen, das sind Zeichen, die für die betreffenden Waren oder für gleichartige Waren bereits vor dem Zeitpunkte der Anmeldung in dem Gebrauch einer Anzahl von Gewerbetreibenden sich befunden haben. Vom Patentamte werden gelegentlich Listen derartiger Freizeichen veröffentlicht, was namentlich zur Zeit des Inkrafttretens des Gesetzes geschehen ist.

Durch besonderes Gesetz vom 22. März 1902 sind auch Warenzeichen von der Eintragung ausgeschlossen, die das sogenannte Rote Kreuz enthalten, auch Genfer Neutralitätszeichen genannt, da dieses ausschließlich dem militärischen Sanitätsdienste, sowie den zur Hilfeleistung hierfür bestimmten Vereinen usw. vorbehalten ist.

Findet das Patentamt, daß ein angemeldetes Warenzeichen mit anderen für dieselben oder für gleichartige Waren früher angemeldeten Zeichen übereinstimmt, so macht es dem Inhaber des älteren Zeichens hiervon Mitteilung. Erhebt dieser nicht innerhalb eines Monats nach der Zustellung Widerspruch gegen die Eintragung des neu angemeldeten Zeichens, so ist das Zeichen einzutragen. Wird dagegen Widerspruch erhoben, so entscheidet das Patentamt, ob Übereinstimmung vorhanden ist. Aus dem Unterbleiben der erwähnten Mitteilung erwächst dem Inhaber des älteren Zeichens oder auch dem Anmelder des neueren kein Ersatzanspruch.

Hieraus ergibt sich, daß die Eintragung gleicher oder ähnlicher Zeichen auch für gleiche oder ähnliche Waren sehr wohl möglich ist, wenn entweder der Inhaber des älteren Zeichens es unterlassen hat, Widerspruch rechtzeitig zu erheben, oder wenn bei dem Vergleiche des angemeldeten Zeichens mit älteren das Patentamt keine Ähnlichkeit für vorliegend gehalten hat.

Ist der Anmelder oder der Widersprechende mit der Entscheidung des Patentamtes nicht einverstanden, so kann er innerhalb eines Monats Beschwerde erheben.

Sofern der Anmelder geltend machen will, daß ihm ungeachtet der durch die Entscheidung des Patentamtes festgestellten Übereinstimmung ein Anspruch auf die Eintragung des Zeichens zustehe, hat er diesen im Wege der Klage bei Gericht gegenüber dem Widersprechenden zur Anerkennung zu bringen. Eine derartige Klage kann also nicht dahin gehen, anzuerkennen, daß die betreffenden Zeichen nicht gleich oder verwechslungsfähig, oder daß die betreffenden Waren nicht gleich oder gleichartig seien. Dies zu entscheiden, bleibt allein dem Patentamte vorbehalten. Sie kann sich nur darauf stützen, daß der Kläger gegenüber dem Widersprechenden etwa auf Vertrag beruhende oder sonst begründete Rechte habe, laut deren ihm die Führung des Zeichens zustehe.

Eine eigentümliche Stellung nehmen solche Zeichen ein, die gelöscht sind und deren Inhaber demgemäß nicht Widerspruch erheben können. Derartige Zeichen dürfen für die Waren, für die sie eingetragen waren, oder für gleichartige Waren zugunsten eines anderen als des letzten Inhabers erst nach Ablauf von zwei Jahren seit dem Tage der Löschung von neuem eingetragen werden.

Die Löschung eingetragener Zeichen erfolgt, wenn seit der Eintragung zehn Jahre verflossen sind, ohne daß inzwischen eine Erneuerung der Eintragung stattgefunden hätte.

Im übrigen wird ein Zeichen seitens des Patentamtes gelöscht, wenn es zu den Zeichen gehört, die an sich nicht eintragsfähig sind. Ein durch ausdrückliche Vorschriften geregeltes Verfahren, nach dem dritte Personen die Löschung derartiger Zeichen erreichen könnten, gibt es nicht. Da indessen das Patentamt doch irgendwie auf das Vorhandensein solcher Zeichen aufmerksam gemacht sein muß, wenn es die Löschung vornehmen soll, so ist es üblich, Anträge auf die Löschung solcher Zeichen unter dem Namen von Löschungsanregungen beim Patentamte einzubringen. Gegen die Zurückweisung derartiger Anregungen steht dem Anregenden nach der Praxis des Patentamtes jetzt auch das Beschwerderecht zu. Wird ihnen stattgegeben, so hat der Zeicheninhaber schon nach den gesetzlichen Vorschriften seinerseits ein solches.

Weiter kann die Löschung eines Warenzeichens beantragt werden, wenn der Geschäftsbetrieb, zu dem das Warenzeichen gehört, von dem eingetragenen Inhaber nicht mehr fortgesetzt wird. Widerspricht letzterer rechtzeitig der Löschung, so muß der Antrag im Wege der gerichtlichen Klage weiter verfolgt werden.

Nur im Wege der Klage kann die Löschung eines Warenzeichens erlangt werden, wenn das Zeichen für den Antragsteller auf Grund einer früheren Anmeldung eingetragen steht, oder wenn Umstände vorliegen, aus denen sich ergibt, daß der Inhalt des Warenzeichens den tatsächlichen Verhältnissen nicht entspreche und die Gefahr einer Täuschung begründe. Liegt die Täuschungsgefahr ganz offensichtlich vor, so ist schon das Patentamt von Amts wegen befugt, die Löschung vorzunehmen. In dieser letzteren Beziehung liegt die Sache also manchmal recht schwierig, so daß im allgemeinen das Patentamt den Antragsteller auf den Weg der gerichtlichen Klage verweisen wird.

Die Eintragung des Warenzeichens hat die Wirkung, daß dem Eingetragenen ausschließlich das Recht zusteht, Waren der angemeldeten Art mit dem Zeichen zu versehen oder dieses sonst im geschäftlichen Verkehr irgendwie anzubringen. Ein bloßer mündlicher Gebrauch des Zeichens fällt, wie gerichtlich entschieden worden ist, nicht unter den Begriff des Anbringens.

Im Falle der Löschung können für die Zeit, in der ein Rechtsgrund für letztere bereits früher vorgelegen hatte, Rechte aus der Eintragung nicht mehr geltend gemacht werden.

Durch die Eintragung des Warenzeichens wird niemand gehindert, seinen Namen, seine Firma, seine Wohnung, sowie Angaben über die Art, die Zeit und den Ort der Herstellung oder ähnliche Angaben, sei es auch in abgekürzter Gestalt, auf Waren usw. irgendwie anzubringen.

Die Anwendung des Warenzeichengesetzes wird durch Abweichungen nicht ausgeschlossen, mit denen fremde Namen, Zeichen usw. wiedergegeben sind, sofern deren ungeachtet die Gefahr einer Verwechslung im Verkehre besteht.

Die Kosten des Warenzeichenschutzes betragen für die Anmeldung und für die ersten zehn Jahre des Schutzes dreißig Mark, für jede Erneuerung um zehn Jahre immer zehn Mark. Eine solche Erneuerung kann beliebig oft geschehen, so daß also das Warenzeichenrecht das einzige Urheberrecht ist, dessen Dauer in Deutschland ganz unbegrenzt ist.

Im übrigen hat das Warenzeichengesetz gegenüber den anderen Urheberschutzgesetzen noch einen anderen wesentlichen Unterschied, nämlich den, daß sein Schutz für Ausländer abhängig ist von einem gleichartigen Schutz, der erst in dem Heimatlande des Ausländers erworben sein muß, und daß er nur so lange dauern kann, als der entsprechende Heimatschutz noch besteht. Dabei gilt als Ausländer derjenige, der im Auslande wohnt, gleichviel, ob er Reichsangehöriger ist oder nicht; umgekehrt gilt als Inländer derjenige, der im Deutschen Reiche wohnt oder seine gewerbliche Niederlassung hat, gleichfalls unbeschadet seiner wirklichen Staatsangehörigkeit. Auch wird der Warenzeichenschutz nur den Einwohnern solcher Staaten zuteil, die dem Deutschen Reiche ausdrücklich Gegenseitigkeit zugesichert haben. Dies ist tatsächlich bei fast allen irgendwie in Betracht kommenden Staaten der Fall. Diese sind S. 119, gegen Ende des Abschnittes über die betreffenden internationalen Verträge aufgeführt.

Gegenüber fremden Ländern, die deutsche Waren irgendwie ungünstig behandeln, können durch Beschluß des Bundesrates Vergeltungsmaßregeln angeordnet werden, eine Bestimmung, von der in der Tat niemals Gebrauch gemacht worden ist.

Die Vorschriften des Gesetzes gegen die Nachahmung fremder Ausstattungen usw. werden in dem nächsten Abschnitte noch besprochen werden. Was die Strafbestimmungen anbetrifft, so werden wir auch auf diese erst nachher zurückkommen.

Der Gebrauch, den man von dem Warenzeichengesetz gemacht hat, ist außerordentlich umfangreich. Bis zum Ende des Jahres 1904 wurden 75565 Warenzeichen eingetragen, von denen erst verhältnismäßig wenige, nämlich 1384 Zeichen, gelöscht sind, da die frühesten Löschungen wegen Zeitablaufes erst nach dem 1. Oktober 1904 erfolgen konnten. Unter den 75565 Zeichen waren 43934 Bildzeichen, 31631 Wortzeichen. 6643 Zeichen oder gegen 9% der Gesamtzahl waren für Ausländer eingetragen.

Die Bekämpfung des unlauteren Wettbewerbes und verwandte Gebiete.

Der Schutz gegen den unlauteren Wettbewerb ist in Deutschland im wesentlichen in drei Gesetzen enthalten und ist außerdem in jedem davon mit so vielen anderen Dingen zugleich behandelt, daß eine genaue Bestimmung und Abgrenzung des hier in Rede stehenden Gebietes recht schwierig ist. Hier ist zunächst zu nennen das Warenzeichengesetz vom 12. Mai 1894, das ursprünglich noch mehr hierher Gehöriges aufnehmen sollte, als es schließlich der Fall war. Diese Bestimmungen sind dann noch mit einer Reihe anderer in dem Gesetze zur Bekämpfung des unlauteren Wettbewerbs vom 27. Mai 1896 untergebracht worden. Letzteres trifft außer dem eigentlichen unlauteren Wettbewerb namentlich auch noch den Verrat von Fabrikgeheimnissen, also ein Gebiet, das dem gewerblichen Urheberschutzrecht nahe verwandt ist.

Am wichtigsten sind aber schließlich doch für die hier zu besprechenden Fragen die Bestimmungen des Bürgerlichen Gesetzbuches, die hierauf bezogen werden können, und die auf verschiedene, teilweise recht weit voneinander abliegende Paragraphen zerstreut sind. Ferner könnten auch noch alle die Gesetze hierher gerechnet werden, die sich gegen die Verfälschung von Nahrungsmitteln richten oder die den Gebrauch gewisser Hilfsmittel für die Herstellung von Nahrungsmitteln zu überwachen bestimmt sind. Indessen würde deren Behandlung hier doch zu weit führen. Das gleiche gilt von den Bestimmungen des Strafgesetzbuches vom 15. Mai 1871/26. Februar 1876, die den Betrug, die Verleumdung und andere ähnliche Vergehungen betreffen.

Alle diese gesetzlichen Maßnahmen sind darauf berechnet, Treu und Glauben im Verkehr zu schützen. Sie zerfallen einerseits in Vorschriften allgemeiner Natur und in solche, die nur auf bestimmte Fälle Bezug haben. Andererseits sind zu unterscheiden Bestimmungen, die in erster Linie die Berufsgenossen, und dann solche, die in erster Linie die Abnehmer der betreffenden Gewerbetreibenden schützen sollen. Natürlich ist zwischen diesen vier Klassen kein scharfer Unterschied zu machen.

Als allgemeiner Natur können zunächst die im Bürgerlichen Gesetzbuch vom 18. August 1896 enthaltenen Vorschriften bezeichnet werden. Hier kommt zunächst § 12 in Betracht:

„Wird das Recht zum Gebrauch eines Namens dem Berechtigten von einem anderen bestritten oder wird das Interesse des Berechtigten dadurch verletzt, daß ein anderer unbefugt den gleichen Namen gebraucht, so kann der Berechtigte von dem anderen die Beseitigung der Beeinträchtigung verlangen. Sind weitere Beeinträchtigungen zu besorgen, so kann er auf Unterlassung klagen."

Auch § 226 kann im gewissen Sinne hierher gerechnet werden:

„Die Ausübung eines Rechtes ist unzulässig, wenn sie nur den Zweck haben kann, einem anderen Schaden zuzufügen."

Diese Bestimmung ist unter dem Namen des Schikaneverbotes bekannt.

Besonders gehören aber die §§ 823, 824 und 826 hierher, die in ihrer allgemeinen Fassung ganz besonders dazu angetan sind, gegen solche Personen angewendet zu werden, die in unerlaubter Weise in die Rechte anderer eingreifen.

Hier ist zunächst § 823 anzuführen:

„Wer vorsätzlich oder fahrlässig das Leben, den Körper, die Gesundheit, die Freiheit, das Eigentum oder ein sonstiges Recht eines anderen widerrechtlich verletzt, ist dem anderen zum Ersatze des daraus entstehenden Schadens verpflichtet.

Die gleiche Verpflichtung trifft denjenigen, welcher gegen ein den Schutz eines anderen bezweckendes Gesetz verstößt. Ist nach dem Inhalte des Gesetzes ein Verstoß gegen dieses auch ohne Verschulden möglich, so tritt die Ersatzpflicht nur im Falle des Verschuldens ein."

Ist dieser Paragraph ganz allgemeiner Natur, so bezieht sich § 824 insbesondere auch auf geschäftliche Verhältnisse:

„Wer der Wahrheit zuwider eine Tatsache behauptet oder verbreitet, die geeignet ist, den Kredit eines anderen zu gefährden oder sonstige Nachteile für dessen Erwerb oder Fortkommen herbeizuführen, hat dem anderen den daraus entstehenden Schaden auch dann zu ersetzen, wenn er die Unwahrheit zwar nicht kennt, aber kennen muß.

Durch eine Mitteilung, deren Unwahrheit dem Mitteilenden unbekannt ist, wird dieser nicht zum Schadenersatze verpflichtet, wenn er oder der Empfänger der Mitteilung an ihr ein berechtigtes Interesse hat."

Schließlich ist wieder § 826 ganz allgemein gehalten:

„Wer in einer gegen die guten Sitten verstoßenden Weise einem anderen vorsätzlich Schaden zufügt, ist dem anderen zum Ersatze des Schadens verpflichtet."

Noch allgemeiner waren übrigens die entsprechenden Bestimmungen im Code Napoleon gehalten, wie er bis zum Ende des Jahres 1899 im westlichen Deutschland noch in Geltung stand. Diese Artikel 1382 und 1383 lauteten:

„Jede Handlung eines Menschen, von welcher Art sie auch sei, die einem anderen Schaden verursacht, verbindet denjenigen, durch dessen Verschulden der Schaden entstanden ist, denselben zu ersetzen.

Jeder ist für den Schaden verantwortlich, den er durch seine Handlung, oder auch nur durch seine Nachlässigkeit oder Unvorsichtigkeit verursacht hat."

Diese Sätze werden von der französischen Rechtsprechung ganz allgemein gegen den unlauteren Wettbewerb benutzt; jedoch konnten sich die deutschen Gerichte zu einer entsprechenden Anwendung nicht entschließen, einesteils weil man früher in Deutschland den unlauteren Wettbewerb noch nicht für etwas Verwerfliches hielt, andererseits weil sie zu allgemein abgefaßt waren, um nach der Gewohnheit der deutschen Gerichte auf solche besonderen Fälle bezogen werden zu können.

Gehen wir nunmehr von den allgemeinen Vorschriften auf die besonderen über, so sind hier zunächst die §§ 14 bis 16 des Warenzeichengesetzes zu erwähnen. Nach diesen Bestimmungen ist es verboten, Waren oder deren Verpackung oder Umhüllung usw. mit dem Namen oder der Firma eines anderen (oder mit einem geschützten Warenzeichen) widerrechtlich zu versehen, oder solche Waren usw. mit einer Ausstattung zu versehen oder sie in den Verkehr zu bringen, die innerhalb beteiligter Verkehrskreise als Kennzeichen gleichartiger Waren eines anderen gilt.

Desgleichen ist es verboten, Waren oder deren Verpackung usw. fälschlich mit einem Staatswappen oder mit dem Namen oder Wappen eines Ortes zu versehen, um über Beschaffenheit und Wert der Waren einen Irrtum zu erregen.

Die Zuwiderhandlung gegen diese Vorschriften verpflichtet zum Schadenersatz gegenüber dem Verletzten und zieht außerdem noch Bestrafung nach sich. Ausländische Waren unterliegen beim Eingang nach Deutschland auf Antrag des Verletzten der Beschlagnahme.

Sind die Bestimmungen des Warenzeichengesetzes mehr allgemein gehalten, so sollte das Gesetz zur Bekämpfung des unlauteren Wettbewerbs vom 27. Mai 1896 das hier in Rede stehende Gebiet ganz besonders säubern. Man ist hierbei jedoch in den entgegengesetzten Fehler verfallen, wie bei den eben aufgeführten Sätzen des Code Napoleon. Indem das Gesetz sich nämlich zu sehr in Einzelheiten verlor, wurde es dadurch vielfach unanwendbar, wenn es nicht im einzelnen gelang, bestimmte Vergehungen unter die in ihm besonders aufgeführten Fälle zu bringen.

Außerdem enthält das Gesetz noch Bestimmungen über den Einzelverkauf gewisser Waren, sowie über den Verrat von Fabrikgeheimnissen, welch letzterer Punkt, wie wiederholt hervorgehoben, uns allerdings gerade hier besonders angeht.

Um kurz die übrigen Punkte des Gesetzes ebenfalls zu besprechen, so verbietet es zunächst, in öffentlichen Bekanntmachungen, oder in Mitteilungen, die für einen größeren Kreis von Personen bestimmt sind, über geschäftliche Verhältnisse, insbesondere über die Beschaffenheit, die Herstellungsart oder die Preisbemessung von Waren usw., unrichtige Angaben tatsächlicher Art zu machen, die geeignet sind, den Anschein eines besonders günstigen Angebotes hervorzurufen. Andernfalls kann der Betreffende von jedem Gewerbetreibenden ähnlicher Art oder von rechtsfähigen Verbänden zur Förderung gewerblicher Interessen belangt werden, und zwar sowohl auf Unterlassung, wie auf Schadenersatz.

Wer derartige Angaben in der ausdrücklichen Absicht macht, hierdurch den Anschein eines besonders günstigen Angebotes hervorzurufen, kann überdies gerichtlich bestraft werden. Jedoch ist der Antrag auf Bestrafung in der Regel im Wege der Privatklage zu verfolgen, während die Klage seitens des Staatsanwaltes nur dann erhoben werden darf, wenn dieser ein öffentliches Interesse für vorliegend erachtet, ein Fall, der tatsächlich kaum je vorkommt.

Dann erhält weiter das Gesetz Bestimmungen, wonach durch Beschluß des Bundesrats festgesetzt werden kann, daß bestimmte Waren, insbesondere Flaschenbier, im Einzelverkehr nur in vorgeschriebenen Mengeneinheiten verkauft werden dürfen. Derartige Bundesratsbeschlüsse sind bis jetzt indessen nur für den Handel mit Garn und den mit Kerzen erlassen worden.

Eine dritte Gruppe von Bestimmungen des Gesetzes richtet sich gegen solche Personen, die zum Zwecke des Wettbewerbes über das Erwerbsgeschäft eines anderen, über die Person des Inhabers oder Leiters des Geschäftes, oder über die Waren oder gewerblichen Leistungen eines anderen unrichtige Behauptungen tatsächlicher Art aufstellen, die geeignet sind, den Betrieb des Geschäftes oder den Kredit des Inhabers zu schädigen. Diese Bestimmungen berühren sich eng mit den vorhin angeführten nach § 824 des Bürgerlichen Gesetzbuches.

Weiter wird, wiederum in Ergänzung von § 12 des Bürgerlichen Gesetzbuches einerseits, sowie von § 15 des Warenzeichengesetzes andererseits, bestimmt, daß es verboten ist, im geschäftlichen Verkehr einen Namen, eine Firma oder die besondere Bezeichnung eines Erwerbsgeschäftes so zu benutzen, daß hieraus Verwechslungen mit dem Namen usw. anderer Personen entstehen können.

Nunmehr folgen die uns hier hauptsächlich interessierenden Bestimmungen, wonach derjenige sich strafbar macht, der als Angestellter, Arbeiter oder Lehrling eines Geschäftsbetriebes Geschäfts- oder Betriebsgeheimnisse, die ihm vermöge des Dienstverhältnisses anvertraut oder sonst zugänglich geworden sind, während der Geltungsdauer des Dienstverhältnisses unbefugt an andere zu Zwecken des Wettbewerbes oder in der Absicht, dem Inhaber des Geschäftsbetriebes Schaden zuzufügen, mitteilt. Gleichfalls ist derjenige strafbar, der Geschäfts- oder Betriebsgeheimnisse, die er durch eine derartige Mitteilung oder durch eine gegen das Gesetz oder die guten Sitten verstoßende eigene Handlung erlangt hat, zum Zwecke des Wettbewerbes unbefugt verwertet oder an andere mitteilt. Auch derjenige macht sich strafbar, der zum Zwecke des Wettbewerbes es unternimmt, einen anderen zu einer unbefugten Mitteilung der in Rede stehenden Art zu bestimmen.

Schließlich wird noch bemerkt, daß derjenige, der im Inlande eine Hauptniederlassung nicht besitzt, auf den Schutz dieses Gesetzes nur insoweit Anspruch hat, als in dem Lande seiner Hauptniederlassung Gegenseitigkeit besteht.

Die internationalen Verträge zum Schutze des gewerblichen Urheberrechtes.

Wie auf dem Gebiete des Urheberrechtes an Werken der Literatur und Kunst ein großer internationaler Vertrag, die sogenannte Berner Übereinkunft, besteht, neben diesem aber auch noch zahlreiche Einzelverträge in Geltung sind, so verhält es sich auch mit den Verhältnissen auf dem Gebiete des gewerblichen Urheberschutzes. Jedoch sind die Verhältnisse hier viel verwickelter, da die Gewährung eines gewerblichen Rechtsschutzes in der Regel an viele Förmlichkeiten gebunden ist, auch die betreffenden Gesetze in den einzelnen Ländern teilweise sehr stark voneinander abweichen. Unter diesen Umständen ist auch Deutschland dem großen internationalen Vertrage, der sogenannten Pariser Übereinkunft vom 20. März 1883, nicht sofort, sondern erst nach zwanzig Jahren beigetreten, nachdem diese Übereinkunft inzwischen wesentliche Umgestaltungen erfahren hatte. Außerdem hat Deutschland noch mit einigen Ländern, nämlich mit Österreich-Ungarn, Italien und der Schweiz, besondere Verträge abgeschlossen. Von diesen ist indessen nur der erstgenannte heute noch von Wichtigkeit, da die beiden anderen

Länder der Pariser Übereinkunft ebenfalls angehören. Ein außerdem noch bestehender Vertrag mit Serbien hat nur geringe praktische Bedeutung, da er sich nur auf Muster und Modelle sowie auf Marken erstreckt, weil Serbien einen Erfindungsschutz nicht kennt.

Die Pariser Übereinkunft vom 20. März 1883 ist durch das sogenannte dritte Madrider Abkommen vom 15. April 1891, sowie namentlich durch die sogenannte Brüsseler Zusatzakte vom 15. Dezember 1900 wesentlich umgestaltet worden. Sie gilt in Deutschland seit dem 1. Mai 1903 und außerdem noch in folgenden Ländern: Belgien, Dänemark, Frankreich, Großbritannien, Italien, Japan, Kuba, Niederlande, Norwegen, Portugal, Schweden, Schweiz, Spanien, Tunis, sowie in den Vereinigten Staaten von Amerika, von Brasilien und von Mexiko.

Von den genannten Ländern sind viele auch mit ihren auswärtigen Besitzungen, oder wenigstens mit einem Teile dieser beigetreten, nämlich Dänemark mit den Faröern, Deutschland mit seinen Schutzgebieten, Frankreich mit Algier und den Kolonien, Großbritannien mit Neuseeland, Queensland und Ceylon, Niederlande mit den Kolonien, Portugal mit den Azoren und Madeira.

Außerdem gehören der Pariser Übereinkunft noch an: San Domingo und Serbien. Da diese beiden letzteren Staaten aber die Brüsseler Übereinkunft noch nicht anerkannt haben, so besteht zwischen ihnen und zwischen dem Deutschen Reiche kein Vertragsverhältnis, außer dem eben erwähnten besonderen Vertrage mit Serbien.

Weiter sei noch bemerkt, daß innerhalb der Staaten der Pariser Übereinkunft noch zwei besondere Abmachungen bestehen, nämlich einmal das sogenannte erste Madrider Abkommen vom 14. April 1891, betreffend die Unterdrückung der falschen Herkunftsangaben auf Waren, und sodann das sogenannte zweite Madrider Abkommen vom 14. April 1891, betreffend die internationale Eintragung von Fabrik- und Handelsmarken durch das Verbandsbureau in Bern. Da Deutschland diesen beiden letzteren Abkommen nicht beigetreten ist, brauchen wir auf diese auch hier nicht weiter einzugehen. Ein sogenanntes viertes Madrider Abkommen vom 15. April 1891 ist zwar abgeschlossen, aber dann von keinem einzigen Staate anerkannt worden. Es bezog sich auf die Auslegung und Erweiterung einiger Punkte des Pariser Abkommens. Zugleich mit dem Abschluß der eben erwähnten Brüsseler Zusatzakte vom 15. Dezember 1900 wurde weiter noch das zweite Madrider Abkommen in einigen Punkten abgeändert.

Desgleichen sei auch das sogenannte Pan-Amerikanische Abkommen vom 27. Januar 1902 zwischen einer Anzahl amerikanischer Staaten hier nur erwähnt.

Um nun auf die Pariser Übereinkunft zurückzukommen, so besagt diese zunächst, daß die betreffenden Staaten einen Verband zum Schutze des gewerblichen Eigentums bilden. Jeder Staat, der darum nachsucht, kann in diesen Verband aufgenommen werden. Kündigungen einzelner Staaten gelten nur für die betreffenden selber, während der Verband zwischen allen übrigen Staaten noch fortbesteht. Die Geschäftsführung des Verbandes besorgt ein internationales Bureau zu Bern. Von Zeit zu Zeit finden Konferenzen zur Besprechung den Verband angehender wichtiger Fragen statt, deren letzte die bereits mehrfach erwähnten, hernach von den einzelnen Verbandsstaaten amtlich anerkannten sogenannten Brüsseler Beschlüsse gefaßt hat.

Die Untertanen oder Bürger der vertragschließenden Staaten sollen in allen übrigen Staaten in betreff der Erfindungspatente, der gewerblichen Muster oder Modelle, der

Fabrik- und Handelsmarken, sowie der Handelsnamen die Vorteile genießen, die den eigenen Staatsangehörigen zukommen. Als Verbandsinländer gelten hierbei alle die Personen, die in einem der Verbandsstaaten ihren Wohnsitz oder eine tatsächliche gewerbliche Niederlassung haben, gleichviel, ob sie im übrigen Staatsangehörige sind oder nicht.

Wer in einem der vertragschließenden Staaten ein Gesuch um ein Erfindungspatent hinterlegt, soll zum Zwecke der Hinterlegung in den anderen Staaten innerhalb eines Zeitraumes von zwölf Monaten ein Prioritätsrecht der Art genießen, daß die hiernächst in einem der übrigen Verbandsstaaten vor Ablauf dieser Fristen erfolgte Hinterlegung durch inzwischen eingetretene Tatsachen irgendwelcher Art nicht unwirksam gemacht werden kann.

Die Hinterlegung eines Musters oder Modelles oder diejenige einer Fabrik- oder Handelsmarke begründet eine ähnliche Priorität, aber nur für die Zeit von vier Monaten.

Wie es hierbei mit den Gebrauchsmustern gehalten werden soll, ist nicht angegeben; jedoch werden solche in dieser Beziehung tatsächlich nicht als Erfindungen, sondern als Muster und Modelle behandelt. Ausdrücklich ist dies insbesondere in dem noch zu erwähnenden Vertrage zwischen Deutschland und Italien festgestellt worden.

Die Patente, deren Erteilung in irgend einem der vertragschließenden Staaten beantragt wird, sollen von allen anderen sonst irgendwo nachgesuchten Patenten vollständig unabhängig sein, während früher gelegentlich die Bestimmung bestand und z. B. in Kanada noch besteht, daß das Patent in dem betreffenden Lande nicht länger dauern soll, als ein irgendwie im Auslande vorher angemeldetes Patent auf denselben Gegenstand.

Die durch den Patentinhaber bewirkte Einfuhr von Gegenständen, die in einem der Verbandsstaaten hergestellt sind, soll nicht zur Folge haben, daß ein in dem betreffenden Lande, in das eingeführt wird, etwa bestehendes Patent auf den nämlichen Gegenstand verfällt. Hierdurch werden namentlich die Schwierigkeiten beseitigt, denen die ausländischen Inhaber französischer Patente früher ausgesetzt waren.

Indessen soll der Patentinhaber immerhin verpflichtet bleiben, sein Patent nach Maßgabe der Gesetze des Landes auszuüben, in das er die patentierten Gegenstände einführt. Der Verfall eines Patentes wegen Nichtausübung soll gleichwohl in jedem Lande nicht vor dem Ablauf von drei Jahren seit der Hinterlegung des Gesuches in dem Lande, um das es sich handelt, und nur dann ausgesprochen werden können, wenn der Patentinhaber Gründe für seine Untätigkeit nicht dartut.

Weiter soll jede in dem Ursprungslande vorschriftsmäßig hinterlegte Fabrik- oder Handelsmarke so wie sie ist in allen anderen Verbandsstaaten zur Hinterlegung zugelassen und geschützt werden. Keine Marke darf in einem der Verbandsstaaten von dem Schutz ausgeschlossen werden, lediglich weil sie hinsichtlich der Zeichen, aus denen sie besteht, etwa den Anforderungen der Gesetzgebung dieses Staates nicht genügen sollte. Vorausgesetzt ist natürlich, daß sie im Ursprungslande Gegenstand einer vorschriftsmäßigen Hinterlegung gewesen ist.

Jedoch kann die Hinterlegung zurückgewiesen werden, wenn die Marke den guten Sitten oder der öffentlichen Ordnung zuwiderläuft, insbesondere wenn sie öffentliche Wappen oder Ehrenzeichen enthält.

Von diesen Bestimmungen abgesehen, die nur die Form der Marke betreffen, soll die innere Gesetzgebung eines jeden Staates darüber entscheiden, ob die Marke einzutragen ist. Hier ist an diejenigen Staaten gedacht, die, wie Deutschland, für die Eintragung von Marken ein Vorprüfungsverfahren besitzen.

Der Handelsname soll in allen Verbandsstaaten ohne Verpflichtung zur Hinterlegung geschützt sein. Jede widerrechtlich mit einer Marke oder mit einem Handelsnamen versehene Ware darf bei der Einfuhr mit Beschlag belegt werden; im Falle der Durchfuhr sind die Behörden nicht gehalten, diese zu bewirken.

Die Bestimmungen bezüglich der widerrechtlichen Benutzung von Marken oder Namen sollen auf jedes Erzeugnis anwendbar sein, das als Herkunftsangabe fälschlich den Namen eines bestimmten Ortes trägt, wenn diese Angabe einem erfundenen oder zum Zwecke der Täuschung entlehnten Handelsnamen beigefügt ist.

Weiter wird bestimmt, daß die unter der Übereinkunft stehenden Personen in allen Verbandsstaaten den den Staatsangehörigen gegen den unlauteren Wettbewerb zustehenden Schutz genießen sollen.

Die Vertragsstaaten verpflichten sich ferner, den patentfähigen Erfindungen, den gewerblichen Mustern oder Modellen, sowie den Fabrik- oder Handelsmarken einen zeitweiligen Schutz zu gewähren, die auf einer amtlichen oder amtlich anerkannten internationalen Ausstellung vorgeführt werden.

Diese letztere Bestimmung ist für Deutschland noch besonders durch das Gesetz vom 18. März 1904 geregelt worden, wonach ein derartiger zeitweiliger Schutz für solche inländische und ausländische Ausstellungen gewährt wird, die durch jedesmalige Bekanntmachung des Reichskanzlers ausdrücklich namhaft gemacht worden sind. Dieser zeitweilige Schutz hat die Wirkung, daß die Schaustellung oder eine anderweitige spätere Benutzung oder Veröffentlichung der Erlangung des gesetzlichen Schutzes nicht entgegensteht, sofern die Anmeldung binnen einer Frist von sechs Monaten nach der Eröffnung der Ausstellung bewirkt wurde.

Schließlich verpflichten sich dann noch die einzelnen Regierungen, besondere Behörden für das gewerbliche Eigentum (oder Urheberrecht) und Zentralhinterlegungsstellen zur Mitteilung der Erfindungspatente, der Muster und Modelle, sowie der Fabrik- oder Handelsmarken einzurichten. Hiernach steht in Deutschland die Einrichtung einer Zentralstelle für Muster und Modelle noch aus, als die naturgemäß in erster Linie das Patentamt in Betracht kommt.

Die Verträge mit Italien und der Schweiz sind nach dem Anschluß Deutschlands an die Pariser Übereinkunft wesentlich umgestaltet worden und beziehen sich heute neben dieser nur noch auf wenige Punkte.

In dem Vertrage mit Italien wird insbesondere gesagt, daß die Rechtsnachteile, die nach den Gesetzen der vertragschließenden Teile eintreten, wenn eine Erfindung usw. nicht innerhalb einer bestimmten Frist ausgeführt wird, auch dadurch ausgeschlossen werden, daß die Ausführung in dem Gebiete des anderen Teiles erfolgt.

Weiter wird gesagt, daß Handels- und Fabrikmarken, die in dem Ursprungslande in freiem Gebrauch stehen, auch in dem Gebiete des anderen Teiles nicht Gegenstand ausschließlicher Benutzung sein können.

Sodann wurde, wie bereits bemerkt, für die Gebrauchsmuster festgesetzt, daß diese bei Berechnung der Prioritätsfristen als Muster oder Modelle, nicht als Erfindungen gelten sollen.

Das Übereinkommen mit der Schweiz bestimmt zunächst ebenfalls, daß die Rechtsnachteile, die nach den Gesetzen eines der vertragschließenden Staaten durch Nichtausübung eines Patentes entstehen, auch dadurch vermieden werden können, wenn diese Ausübung in dem Gebiete des anderen Teiles erfolgt. Jedoch finden diese Bestimmungen auf solche Erfindungen keine Anwendung, die nach den

Gesetzen eines der vertragschließenden Teile vom Patentschutze ausgeschlossen sind. Hiermit sind die durch Modelle nicht darstellbaren Erfindungen gemeint, die, wie bereits erwähnt, nach dem schweizerischen Patentgesetz nicht schutzfähig sind.

Überdies wird bestimmt, daß die gedachte Vergünstigung die Rechtsnachteile nicht abwenden kann, die im Falle der Lizenzverweigerung etwa eintreten sollten.

Auf eine Eigentümlichkeit der schweizerischen Gesetzgebung bezieht sich weiter die Bestimmung, daß Angehörige des einen der vertragschließenden Teile in dem Gebiete des anderen von der Verpflichtung befreit sein sollen, die von ihnen unter Patentschutz hergestellten Gegenstände als solche zu kennzeichnen. In der Schweiz besteht nämlich die Verpflichtung, solche Gegenstände mit dem eidgenössischen Kreuz und der Patentnummer zu versehen.

Wichtiger ist das Übereinkommen mit Österreich-Ungarn. Dies schließt sich zwar im allgemeinen den in der Pariser Übereinkunft niedergelegten Grundsätzen an, weicht jedoch in wichtigen Stücken davon ab.

Es steht denjenigen, die im Gebiete des einen Teiles eine Erfindung anmelden, für diese Erfindung usw. auch in dem Gebiete des anderen Teiles ein Prioritätsrecht zu. Dies beträgt jedoch für Muster und Modelle sowie für Marken nur drei Monate. Auch auf Grund einer deutschen Gebrauchsmusteranmeldung kann nur diese Priorität von drei Monaten geltend gemacht werden. Auf Grund von Patentanmeldungen kann die Priorität noch beansprucht werden innerhalb dreier Monate von dem Tage ab, an dem dem Betreffenden der Beschluß über die erfolgte Patentierung in dem Lande zugestellt ist, in dem er zuerst eine solche nachgesucht hat. Hierbei ist es übrigens ebensowenig wie auch innerhalb der Pariser Übereinkunft erforderlich, eine solche Anmeldung zuerst in seinem Heimatsstaate vorzunehmen. Es kommt sogar recht häufig vor, daß eine Anmeldung zuerst in einem ausländischen Staate eingebracht und dann auf Grund deren in der Heimat ein Patent oder Gebrauchsmuster nachgesucht wird.

Abweichend von den Bestimmungen der Pariser Übereinkunft kann aber diese Priorität nur dann geltend gemacht werden, wenn in dem ersten Staate das Patent oder der sonstige Schutz wirklich erteilt wurde, während innerhalb jener schon die bloße Anmeldung in dem ersten Staate genügt.

Weiter wird festgesetzt, daß die Einfuhr einer in dem Gebiete des einen Teiles hergestellten Ware in die Gebiete des anderen Teiles den Verlust etwaiger Schutzrechte nicht zur Folge haben soll. Dagegen fehlt eine ähnliche Bestimmung, wie sie in den Verträgen mit Italien und der Schweiz enthalten ist, und wonach für die Aufrechterhaltung des Patentes schon die Ausübung im Heimatlande genügen soll.

Wie in der Pariser Übereinkunft wird weiter bestimmt, daß dem Inhaber einer in seinem Heimatlande eingetragenen Marke nicht in dem anderen Lande der Schutz auf diese versagt werden kann, wenn sie den dortigen Formvorschriften nicht entspricht. Jedoch sollen alle Marken zurückgewiesen werden können, die den guten Sitten oder der öffentlichen Ordnung zuwider sind, oder die öffentliche Wappen, Bildnisse des Landesherrn usw. oder irreführende Angaben enthalten.

Besonders auf österreichische Verhältnisse bezieht sich die Bestimmung, daß Handels- und Fabrikmarken, die in dem Gebiete des einen Teiles als Kennzeichen der Waren von Angehörigen bestimmter gewerblicher Verbände oder bestimmter Arten oder Bezirke geschützt sind, in dem anderen Teil nicht als Freizeichen benutzt werden dürfen, sofern sie im Heimatlande vor dem 1. Oktober 1875 eingetragen waren. Auch sollen solche Zeichen von der Benutzung als Freizeichen ausgeschlossen sein, die öffentliche Wappen aus dem Gebiete des anderen Teiles enthalten.

Was insbesondere die Muster und Modelle sowie die Warenzeichen anbetrifft, so müssen diese, falls sie im Gebiete Österreich-Ungarns Schutz genießen sollen, sowohl für die österreichischen Länder in Wien, als auch für die ungarischen Länder in Ofen-Pest angemeldet werden.

Der Vertrag mit Serbien bezieht sich, wie bereits bemerkt, nur auf Muster und Modelle sowie auf Handelsmarken und ist nicht von Wichtigkeit.

Dagegen sind noch einige andere Bestimmungen bezüglich ausländischer Staaten zu erwähnen, insofern sie für deutsche Patentanmelder von Belang sind.

In Großbritannien wird jedes auf Grund einer Unionspriorität angemeldete Patent auf den Tag dieser Priorität zurückdatiert. Die Schutzdauer des Patentes vermindert sich demnach um den Zeitraum zwischen der ersten Anmeldung im Auslande und derjenigen in Großbritannien. Das Verfahren Großbritanniens ist jedoch glücklicherweise von keinem anderen Unionsstaate nachgeahmt worden.

In Nordamerika besteht die Bestimmung, daß ein Patent nicht mehr erteilt werden kann, wenn irgendwo im Auslande seit länger als einem Jahre vor der Anmeldung eine Anmeldung auf den gleichen Gegenstand eingereicht worden ist. Die zwölf Monate, die dem Anmelder auf Grund der Pariser Übereinkunft zur Verfügung stehen, bilden daher in Amerika zugleich eine Ausschließungsfrist, innerhalb deren die Anmeldung eingereicht werden muß.

Dagegen gestattet Amerika dem ausländischen Anmelder gegenwärtig die Einreichung einer vorläufigen Patentanmeldung, eines sogenannten Caveat. Großbritannien dagegen hat dem auf Grund einer ausländischen Priorität

Anmeldenden das Recht zur Einreichung einer vorläufigen Patentanmeldung nicht eingeräumt.

Weiter ist noch zu erwähnen, daß mit einer Anzahl von Staaten Deutschland insofern in einem Vertragsverhältnis steht, als auf Grund besonderer Abmachungen oder allgemeiner Verträge Gegenseitigkeit in Warenzeichensachen verbürgt ist. Somit können Angehörige dieser Staaten in Deutschland den Warenzeichenschutz erhalten, und umgekehrt. Diese Staaten sind außer den bereits anderweitig genannten: Bulgarien, Costarica, Ecuador, Griechenland, Guatemala, Luxemburg, Rumänien, Rußland, Venezuela.

Von diesen Staaten ist Luxemburg noch überdies dadurch merkwürdig, als dieser Staat nur an solche Anmelder Patente erteilt, die auf den nämlichen Gegenstand ein deutsches Reichspatent erhalten haben, und als überhaupt der Bestand des luxemburgischen Patentes von dem deutschen Patent abhängig ist. Dies ist der Fall wegen der engen Beziehungen, in denen die luxemburgische Industrie zu der deutschen steht, da Deutschland mit Luxemburg durch den Zollvereinsvertrag verbunden ist.

Strafbestimmungen.

Die Gesetze zum Schutze des Urheberrechtes sind zugleich auch Strafgesetze, indem sie durchweg auf die Verletzung der durch sie zu schützenden Rechte, mitunter auch auf deren Anmaßung eine Strafe setzen.

Was andere Rechtsstreitigkeiten anbetrifft, die sich an die Urheberschutzgesetze anschließen, so sei bemerkt, daß für diese stets das Reichsgericht als oberste Instanz vorgeschrieben ist, so daß hier eine einheitliche Ausgestaltung der Rechtsprechung stattfinden kann.

Eine weitere Eigentümlichkeit der vorliegenden Gesetze ist es ferner, daß sie zum Teil auch das Sachverständigenwesen regeln, insofern als sie bestimmte Behörden oder Einrichtungen für die Abgabe von Gutachten namhaft machen. Namentlich gilt dies für die Beurteilung von strafbaren Handlungen, die auf Grund der Gesetze betreffend das Urheberrecht an Werken der Literatur und Kunst, sowie auf Grund desjenigen betreffend das Urheberrecht an Mustern und Modellen zu richten sind.

In dieser Hinsicht bestimmt das Gesetz betreffend den Schutz an Werken der Literatur und Tonkunst, sowie der neue Entwurf eines Gesetzes betreffend die Werke der bildenden Künste usw., daß in sämtlichen Bundesstaaten Sachverständigenkammern bestehen sollen, die verpflichtet sind, auf Erfordern der Gerichte und der Staatsanwaltschaften Gutachten über an sie gerichtete Fragen abzugeben. Auch sind diese Sachverständigenkammern befugt, auf Anrufung der Beteiligten über Schadenersatzansprüche, über die Vernichtung eingezogener Exemplare oder Vorrichtungen und über alle damit im Zusammenhange stehende Fragen als Schiedsrichter zu verhandeln und zu entscheiden. Die einzelnen Mitglieder der Sachverständigenkammern sollen nur in Ausnahmefällen als Sachverständige vernommen werden.

Ähnlich bestimmt das alte Urheberrechtsgesetz vom 11. Juni 1870, daß in allen Staaten aus Gelehrten, Schriftstellern, Buchhändlern und anderen geeigneten Personen bestehende Sachverständigenvereine gebildet werden sollen, die auf Erfordern des Richters Gutachten über an sie gerichtete Fragen abzugeben verpflichtet sind. Auch sind sie befugt, auf Anrufen der Gerichte als Schiedsrichter zu verhandeln.

Diese letzteren Bestimmungen sind noch insoweit in Kraft, als die Gesetze vom 9., 10. und 11. Januar 1876 betreffend die Urheberrechte an Werken der bildenden Künste, an Photographien sowie an Mustern und Modellen darauf Bezug nehmen.

Die genannten Sachverständigenkammern und -Vereine sind nicht wesentlich voneinander verschieden. Sie weisen insbesondere den Nachteil auf, daß sie nicht regelmäßig zusammentretende Behörden sind und daß ihre Entscheidungen in der Regel nicht dem Drucke übergeben werden. Es ist deshalb schwierig, ihre Tätigkeit zu beurteilen oder ihre Entscheidungen für künftige Fälle zu verwerten.

Im Gegensatze zu den genannten Gesetzen überlassen es diejenigen zum Schutze der patentfähigen Erfindungen, der Gebrauchsmuster und der Warenzeichen den Gerichten, Sachverständige nach ihrem Belieben zu wählen. Nur ist festgesetzt, daß das Patentamt zur Abgabe von Gutachten verpflichtet sein soll, wenn bereits zwei voneinander abweichende Gutachten vom Gerichte (oder von der Staatsanwaltschaft) bestellter Sachverständigen vorliegen. Ist diese Voraussetzung nicht gegeben, so ist das Patentamt zur Abgabe von Gutachten weder berechtigt noch verpflichtet.

Eine besondere Stellung nimmt das Patentanwaltsgesetz ein, indem hier für Verletzung der den Patentanwälten obliegenden Pflichten aus Mitgliedern des Patentamtes und aus Patentanwälten gebildete Ehrengerichte zuständig sind, die nicht Gutachten abzugeben, sondern selbst Entscheidungen zu fällen haben. Auch diese Entscheidungen werden, wie diejenigen der erwähnten Sachverständigenkammern usw., nicht veröffentlicht.

Gehen wir nunmehr zu den in jenen Gesetzen angedrohten Strafen selber über, so ist nach dem Gesetze betreffend das Urheberrecht an Werken der Literatur und Tonkunst vom 19. Juni 1901 derjenige, der vorsätzlich oder fahrlässig ein Werk unbefugterweise vervielfältigt usw., dem Berechtigten zum Schadenersatz verpflichtet. Das gleiche gilt für den, der ein Werk unberechtigterweise öffentlich aufführt oder vorträgt.

Außerdem steht in Fällen des Vorsatzes hierauf noch eine Geldstrafe bis zu dreitausend Mark, die unter Umständen in Gefängnis bis zu höchstens sechs Monaten umgewandelt werden kann.

Wer den wesentlichen Inhalt eines Werkes öffentlich mitteilt, bevor der Berechtigte seine Einwilligung hierzu gegeben hat, wird mit Geldstrafe bis zu eintausendfünfhundert Mark oder im Unvermögensfalle mit Gefängnis bis zu drei Monaten bestraft.

Auf Verlangen des Berechtigten kann neben der Strafe auch auf eine an ihn zu erlegende Buße bis zum Betrage von sechstausend Mark erkannt werden. Eine solche Buße schließt die Geltendmachung eines weiteren Anspruches auf Schadenersatz aus.

Die Entrichtung der Bußzahlung ist überhaupt der ganzen Urheberschutzgesetzgebung eigentümlich. Überall ist weiter die Eigentümlichkeit vorhanden, daß diese Buße nur bis zu einem verhältnismäßig nicht bedeutenden Höchstbetrage auferlegt werden kann, und ferner nur dann, wenn gleichzeitig auf eine Strafe erkannt worden ist. Durch die Notwendigkeit, zwecks Erlangung der Buße eine Strafverfolgung des Betreffenden eintreten zu lassen, durch den geringen Höchstbetrag und durch die Feststellung, daß ihre Erkennung die Geltendmachung eines weiteren Entschädigungsanspruches ausschließt, hat diese Einrichtung deshalb nur einen verhältnismäßig geringen Wert.

Weiter wird in dem genannten Gesetze bestimmt, daß die widerrechtlich hergestellten oder verbreiteten Exemplare, sowie die dazu dienenden Vorrichtungen vernichtet oder ihrer gefährdenden Form entkleidet werden können. Der Berechtigte kann statt dessen verlangen, daß ihm die betreffenden Exemplare usw. gegen eine angemessene Vergütung überlassen werden.

In jedem Falle tritt Strafverfolgung nur auf Antrag ein. Dessen Zurücknahme ist stets zulässig. Die betreffenden Handlungen verjähren in drei Jahren; jedoch ist der Antrag auf Vernichtung stets zulässig, solange noch Exemplare oder Vorrichtungen der betreffenden Art vorhanden sind.

Die Strafbestimmungen des neuen Entwurfes betreffend das Urheberrecht an Werken der bildenden Künste einschließlich der Baukunst sowie der Photographie schließen sich eng an diejenigen des eben besprochenen Gesetzes an. Sie beziehen sich auf diejenigen Personen, die ein Werk unberechtigterweise vervielfältigen, verbreiten oder gewerbsmäßig mittels mechanisch-optischer Einrichtungen vorführen. Insofern ist ein wesentlicher Unterschied gegen das erstgenannte Gesetz vorhanden, als nachgebaute Bauwerke nicht der Vernichtung unterliegen.

Das alte Urheberrechtsgesetz vom 11. Juni 1870, das in seinen Strafbestimmungen für die drei erwähnten Gesetze vom 9., 10. und 11. Januar 1876 noch gilt, trifft ganz ähnliche Strafbestimmungen.

Von den Gesetzen bezüglich des gewerblichen Urheberrechtes ist zunächst das Patentgesetz zu nennen. Hiernach ist derjenige, der wissentlich oder aus grober Fahrlässigkeit eine Erfindung ungerechtfertigterweise in Benutzung nimmt, dem Verletzten zur Entschädigung verpflichtet. Dies bezieht sich ebenso wie die nachfolgenden Strafbestimmungen nur auf solche Personen, die gewerbsmäßig den Gegenstand der Erfindung herstellen, in Verkehr bringen, feilhalten oder gebrauchen. Ist das Patent für ein Verfahren erteilt, so erstreckt sich dessen Wirkung auch auf die dadurch unmittelbar hergestellten Erzeugnisse. Eine nicht gewerbsmäßige Benutzung, also insbesondere eine solche zum Privatgebrauch oder zu wissenschaftlichen Untersuchungen, fällt daher nicht unter diese Bestimmungen.

Ferner wird, wer wissentlich unrechtmäßigerweise eine Erfindung in Benutzung nimmt, mit Geldstrafe bis zu fünftausend Mark oder mit Gefängnis bis zu einem Jahre bestraft.

Die Strafverfolgung tritt nur auf Antrag ein, dessen Zurücknahme zulässig ist. Wird auf Strafe erkannt, so ist zugleich dem Verletzten die Befugnis zuzusprechen, die Verurteilung auf Kosten des Verurteilten öffentlich bekanntzumachen.

Diese Bestimmungen kennzeichnen das Gesetz als ein solches zum Schutze gewerblicher Interessen, da durch die Bekanntmachung die Öffentlichkeit auf die Sachlage hingewiesen werden soll.

Statt jeder weiteren Entschädigung und neben einer Strafe kann auf Buße bis zu zehntausend Mark erkannt werden. Die Klagen wegen Verletzung der Patentrechte verjähren in drei Jahren.

Im Gegensatz zu den übrigen hier besprochenen Gesetzen, mit Ausnahme des Patentanwaltsgesetzes, enthält ferner das Patentgesetz noch eine Strafandrohung gegen solche, die sich die betreffenden Rechte fälschlicherweise anmaßen. Es wird nämlich mit Geldstrafe bis zu eintausend Mark bedroht, wer Gegenstände usw. mit einer Bezeichnung versieht, oder wer in öffentlichen Anzeigen usw. Bezeichnungen benutzt, die geeignet sind, den Irrtum zu erwecken, als wenn es sich um patentierte Gegenstände handele.

Wer dagegen eines der anderen Urheberschutzrechte sich fälschlich anmaßt, kann nur von seiten derjenigen, denen er dadurch Schaden zufügen könnte, im Zivilprozeßwege auf Unterlassung belangt werden.

Das Gebrauchsmusterschutzgesetz bestimmt, daß derjenige, der wissentlich oder aus grober Fahrlässigkeit ein

Gebrauchsmuster unberechtigterweise in Besitz nimmt, dem Verletzten zur Entschädigung verpflichtet ist, außerdem im Falle der Wissentlichkeit auf Antrag mit Geldstrafe bis zu fünftausend Mark oder mit Gefängnis bis zu einem Jahre bestraft werden kann. Die Zurücknahme des Antrags ist zulässig. Neben der Strafe ist dem Verletzten die Befugnis zuzusprechen, die Verurteilung öffentlich bekanntzumachen. Auch kann auf Verlangen auf eine Buße bis zum Betrage von zehntausend Mark erkannt werden, die jeden weiteren Entschädigungsanspruch ausschließt.

Die Klagen wegen Verletzung des Schutzrechtes verjähren in drei Jahren.

Nach dem Gesetz betreffend die Patentanwälte kann gegen Patentanwälte, die sich einer Pflichtverletzung schuldig gemacht haben, Ausschließung aus dem Stande der Patentanwälte, Geldstrafe bis zu dreitausend Mark oder Verweis verhängt werden. Wer sich unbefugterweise den Titel eines Patentanwaltes oder einen ähnlich klingenden Titel zulegt, wird mit Geldstrafe bis zu dreihundert Mark bestraft.

Im Warenzeichengesetz befindet sich eine ganze Reihe von Strafbestimmungen. Zunächst wird festgesetzt, daß derjenige, der wissentlich oder aus grober Fahrlässigkeit Waren usw. mit einem Namen oder der Firma eines anderen oder mit einem geschützten Zeichen widerrechtlich versieht oder solche Waren in Verkehr bringt usw., zur Entschädigung verpflichtet ist, und im Falle der Wissentlichkeit mit Geldstrafe bis zu fünftausend Mark oder mit Gefängnis bis zu sechs Monaten bestraft wird. Die Strafverfolgung tritt auch hier nur auf Antrag ein; der Antrag kann jederzeit zurückgenommen werden.

Ebenso ist derjenige, der zum Zweck der Täuschung Waren usw. mit einer Ausstattung unberechtigterweise versieht, die innerhalb beteiligter Verkehrskreise als das Kennzeichen gleichartiger Waren eines anderen gilt, oder wer derartige Waren in Verkehr bringt usw., dem Verletzten zur Entschädigung verpflichtet und wird mit Geldstrafe bis zu dreitausend Mark oder mit Gefängnis bis zu drei Monaten bestraft.

Wer Waren usw. fälschlich mit einem Staatswappen oder mit dem Namen oder Wappen eines Ortes versieht, um über den Wert der Waren einen Irrtum zu erregen usw., wird mit Geldstrafe bis zu fünftausend Mark oder mit Gefängnis bis zu sechs Monaten bestraft.

Die Verwendung solcher Namen, die nach Handelsgebrauch zur Benennung gewisser Waren dienen, ohne deren Herkunft bezeichnen zu sollen, fällt nicht unter diese Bestimmung.

Ausländische Waren, die mit einer deutschen Firma oder Ortsbezeichnung oder mit einem eingetragenen Warenzeichen widerrechtlich versehen sind, unterliegen bei ihrem Eingang nach Deutschland auf Antrag des Verletzten und gegen Sicherheitsleistung der Beschlagnahme und Einziehung.

Statt jeder aus diesem Gesetze entspringenden Entschädigung kann auf Verlangen des Beschädigten neben der Strafe unter den bereits mehrfach hervorgehobenen Bedingungen auch auf eine Buße bis zum Betrage von zehntausend Mark erkannt werden.

Weiter ist ausgesprochen, daß die im Besitze des Verurteilten befindlichen widerrechtlich mit Warenzeichen usw. versehenen Gegenstände dieser Zeichen entkleidet oder, wenn dies nicht möglich ist, vernichtet werden sollen.

Erfolgt die Verurteilung im Strafverfahren, so ist sie auf Kosten des Verurteilten öffentlich bekanntzumachen.

Was das Bürgerliche Gesetzbuch anbetrifft, so enthält dieses seiner Natur nach keine Strafbestimmungen. Jedoch ist neben der Entschädigungsklage je nachdem die

Klage auf Unterlassung oder auch die Feststellungsklage anzubringen, dahin gehend, daß das beabsichtigte Vorgehen, um das es sich handelt, in die Rechte des Klägers eingreife und deshalb nicht unternommen werden dürfe. Was die Höhe der zu gewährenden Entschädigung anbetrifft, so ist hier § 253 des Bürgerlichen Gesetzbuches wohl zu beachten:

„Wegen eines Schadens, der nicht Vermögensschaden ist, kann Entschädigung in Geld nur in den durch das Gesetz bestimmten Fällen gefordert werden."

Das Gesetz zur Bekämpfung des unlauteren Wettbewerbs bestimmt zunächst, daß derjenige, der öffentlich über seine geschäftlichen Verhältnisse unrichtige Angaben tatsächlicher Art macht, auf Unterlassung oder Schadenersatz in Anspruch genommen werden kann. Werden solche Angaben in der Absicht gemacht, den Anschein eines besonders günstigen Angebotes hervorzurufen, so tritt Geldstrafe bis zu eintausendfünfhundert Mark ein. Im Falle wiederholter Zuwiderhandlung kann neben oder statt der Geldstrafe auf Haft oder auf Gefängnis bis zu sechs Monaten erkannt werden.

Zuwiderhandlungen gegen Bundesratsverordnungen betreffend den Verkauf gewisser Waren im Einzelverkehr werden mit Geldstrafe bis zu einhundertfünfzig Mark oder mit Haft bestraft.

Wer zu Zwecken des Wettbewerbes über das Erwerbsgeschäft eines anderen falsche Mitteilungen tatsächlicher Art macht, ist zum Schadenersatz verpflichtet und kann überdies auf Unterlassung weiterer derartiger Mitteilungen in Anspruch genommen werden.

Diese Bestimmungen finden keine Anwendung, wenn der Mitteilende oder der Empfänger der Mitteilung an ihr ein berechtigtes Interesse hat. Dies entspricht § 824 Absatz 2 des Bürgerlichen Gesetzbuches, wonach durch eine

Mitteilung, deren Unwahrheit dem Mitteilenden bekannt ist, dieser nicht zum Schadenersatz verpflichtet wird, wenn er oder der Empfänger der Mitteilung an ihr ein berechtigtes Interesse hat.

Derartige Ausnahmen wurden gemacht, um die gewerbsmäßige Auskunftserteilung nicht zu sehr zu beschränken, bei der selbst beim besten Willen unrichtige Angaben mit unterlaufen können.

Weiter wird im Gesetz betreffend den unlauteren Wettbewerb gesagt, daß derjenige, der wider besseres Wissen über das Erwerbsgeschäft eines anderen schädigende Mitteilungen verbreitet, mit Geldstrafe bis zu eintausendfünfhundert Mark oder mit Gefängnis bis zu einem Jahre bestraft wird.

Wer im geschäftlichen Verkehr einen Namen, eine Firma oder dergleichen in der Absicht benutzt, Verwechslungen mit anderen hervorzurufen, ist zum Schadenersatz verpflichtet und kann auf Unterlassung belangt werden.

Wer als Angestellter, Arbeiter oder Lehrling während der Dauer dieses Dienstverhältnisses Betriebsgeheimnisse zum Zwecke des Wettbewerbes verrät, wird mit Geldstrafe bis zu dreitausend Mark oder mit Gefängnis bis zu einem Jahre bestraft und ist überdies schadenersatzpflichtig. Gleiche Strafe trifft denjenigen, der derartige Mitteilungen verwertet oder weitergibt. Der Anstifter wird mit Geldstrafe bis zu zweitausend Mark oder mit Gefängnis bis zu neun Monaten bestraft.

Die Strafverfolgung tritt mit Ausnahme der Fälle, in denen es sich um Zuwiderhandlungen gegen Bundesratsverordnungen handelt, nur auf Antrag ein, der jederzeit zurückgenommen werden kann. Auch können hierher gehörige strafbare Handlungen nur im Wege der Privatklage verfolgt werden, während die öffentliche Klage, wie bereits bemerkt, nur in Ausnahmefällen erhoben wird. Für die Privatklage sind die Schöffengerichte zuständig.

Wird auf Strafe erkannt, so kann in gewissen Fällen ausgesprochen werden, daß die Verurteilung auf Kosten des Schuldigen öffentlich bekanntzumachen sei. Umgekehrt kann das Gericht auch die öffentliche Bekanntmachung der Freisprechung auf Kosten des Anzeigenden oder der Staatskasse verfügen.

Neben der Strafe kann auf Buße erkannt werden.

Die nach diesem Gesetz entstehenden Ansprüche auf Unterlassung oder Schadenersatz verjähren in sechs Monaten von dem Zeitpunkte an, in dem der Berechtigte von der Sache Kenntnis erhalten hat, ohne Rücksicht auf diese Kenntnis in drei Jahren. Jedoch beginnt der Verlauf der Verjährung nicht vor dem Zeitpunkt, an dem ein Schaden entstanden ist.

Die internationalen Verträge enthalten ihrer Natur nach keine unmittelbaren Strafandrohungen, wenn nicht die Vorschrift der Pariser Übereinkunft als solche aufzufassen ist, wonach jedes widerrechtlich mit einer Fabrikmarke oder dergleichen versehene Erzeugnis bei der Einführung in einen solchen Staat mit Beschlag belegt werden darf, in denen die Marke oder der Name Schutz genießt.

Sachregister.

FSC
www.fsc.org
MIX
Papier | Fördert gute Waldnutzung
FSC® C083411

Kolibri 360 GmbH
Ferdinand-Jühlke-Straße 7
99095 Erfurt, Deutschland
produktsicherheit@kolibri360.de